IMAGE MAKING MAKEUP ILLUSTRATION PATTERN BOOK

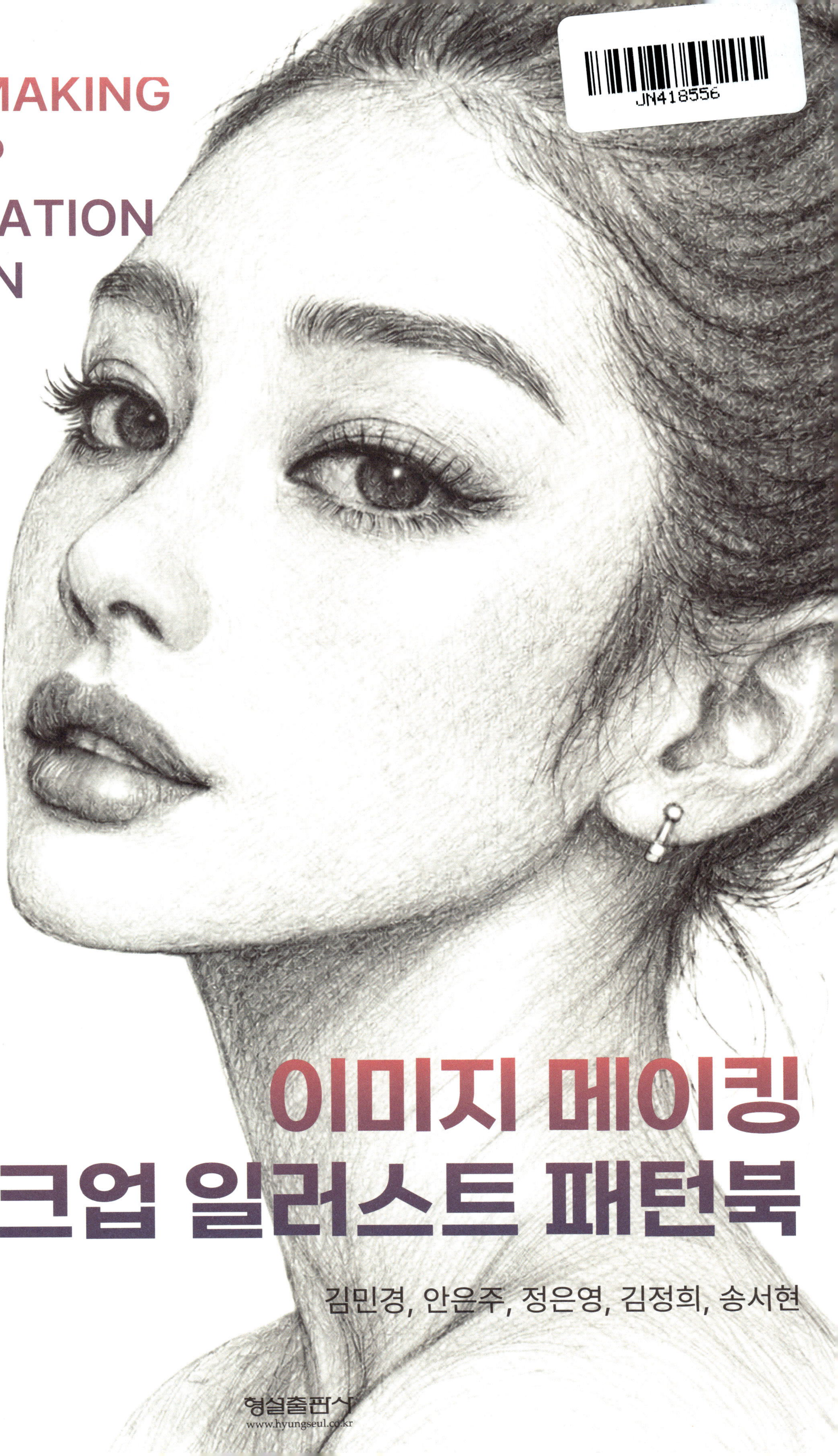

이미지 메이킹 메이크업 일러스트 패턴북

김민경, 안은주, 정은영, 김정희, 송서현

형설출판사
www.hyungseul.co.kr

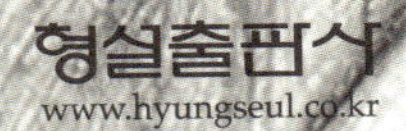

약력

김민경
장안대학교 뷰티케어과 교수
공학박사(뷰티공학전공)

안은주
원광대학교 초빙교수
원광대학교 일반대학원 뷰티디자인학 박사

정은영
서울기독대학교 교수
공학박사(뷰티공학전공)

김정희
원광대학교 뷰티디자인학부 교수
가톨릭대학교 박사

송서현
오산대학교 뷰티코스메틱계열 교수
이학박사

머리말

메이크업은 단순히 예쁘게 표현하는 기술이 아니라, 얼굴이라는 공간 위에 색과 선, 질감으로 이미지를 설계하는 작업이다. 그래서 메이크업을 배우는 과정은 화장을 익히는 것을 넘어, 얼굴을 이해하고, 이미지를 읽고, 나만의 컨셉을 만들어가는 과정이라고 할 수 있다.

『이미지메이킹 메이크업 일러스트 패턴북』은 메이크업을 전공하는 사람들이 "잘 그리는 사람"만을 위하는 것이 아니라, "생각하며 설계할 줄 아는 메이크업 아티스트"로 성장할 수 있도록 돕기 위해 만들어진 교재이다. 이 책은 인체와 얼굴 구조, 선과 명암의 기초부터 시작해 눈썹과 아이 메이크업 디자인, 립 스타일, 얼굴 정면과 상반신 표현, 그리고 트렌드 메이크업과 아트 메이크업까지 단계적으로 연습할 수 있도록 구성되어 있다.

이 책의 페이지들은 정답을 채우는 공간이 아니라, 여러분의 관찰, 고민, 아이디어가 쌓이는 연습 노트이므로 많이 그리고, 많이 지우고, 많이 수정하면서 자신만의 표현 방식을 찾아볼 수 있독 연습하는 과정에서 완성도를 높일 수 있을 것으로 판단된다. 그러한 과정 속에서 자신의 스타일과 시각이 만들어질 것이다. 이 패턴북이 메이크업을 배우는 또는 무엇인가를 시도하려고 하는 많은 사람들을 대상으로 기초를 다지는 출발점이자, 자신만의 이미지를 만들어가는 든든한 동반자가 되기를 바란다.

저자 일동

목차

Chapter 1

뷰티 일러스트 탐구

〈재료의 선택〉

뷰티 일러스트레이션의 완성도는 '재료의 정확한 선택과 이해'에서 판가름 난다. 아무리 드로잉 형태를 완벽하게 잡았더라도, 피부의 미세한 결이나 머리카락의 무게감을 표현할 적절한 도구를 쓰지 못하면 결과물은 평면적일 수밖에 없다. 드로잉을 할때 왜 스케치 단계에서 무른 심이 아닌 단단한 심을 써야 하는지, 부드러운 음영을 넣을 때 왜 흑연보다 아이쉐도우가 효율적인지 논리적으로 이해해야 한다. 연필의 경도(H/B)를 구분해 사용하는 것은 선명도를 조절하는 기술이며, 카펜터 펜슬의 넓은 면을 활용하는 것은 드로잉 시간을 단축시키는 전략이다. 또한 미술 재료와 실제 화장품을 혼용하는 것은 단순한 기교가 아니라, 실제 피부 질감(Texture)을 종이 위에 가장 사실적으로 재현하기 위한 검증된 방법론이다.

드로잉에서 재료의 선택은 막연한 감각에 의존하던 드로잉 방식을 벗어나, 각 재료의 물성을 철저히 분석하고 이를 실전에 어떻게 적용해야 하는지에 대한 구체적인 솔루션을 가지고 접근해야 한다. 재료의 특성을 파악하고 통제할 수 있게 될 때, 의도한 그대로의 이미지를 구현할 수 있다.

〈재료 별 특징〉

1. 연필 (Graphite Pencil): 가장 기본이 되지만 가장 다루기 까다로운 도구이다. 뷰티 일러스트에서는 심의 경도(Hardness)를 구분하여 사용하는 것이 핵심이다.
   - H 계열 (Hard): 단단하고 흐린 심으로 입자가 고와서 종이 요철에 깊이 박히지 않는다. 수정이 잦은 초기 스케치(Outlining)와 투명한 눈동자, 아주 밝은 피부 톤을 깔 때 사용한다.
   - B 계열 (Black): 무르고 진한 심으로 4B 이상의 진한 연필은 속눈썹의 뿌리, 아이라인, 머리카락의 어둠을 잡아주어 그림의 선명도(Contrast)를 높인다.

2. 카펜터 펜슬 (Carpenter Pencil): 일명 '목수 연필'로 불리는 납작한 연필이다. 둥근 연필로는 표현하기 힘든 머리카락의 역동적인 질감을 위해 반드시 필요하다.
   - 구조적 특징: 심의 단면이 직사각형(넓은 면과 좁은 면)으로 되어 있다.
   - 넓은 면: 한 번의 스트로크로 굵은 웨이브나 머리카락 덩어리(Mass)를 시원하게 잡아준다.
   - 좁은 면/모서리: 잔머리나 결의 날카로운 흐름을 표현한다.
   - 표현 기법: 선을 긋는 도중 연필을 빙글 돌려주면(Twisting), 선의 굵기가 '굵음-가는(Thin)-굵음'으로 변하며 리듬감 있는 웨이브가 완성된다.

3. 색연필 (Oil-based Colored Pencil) : 수채 색연필보다는 '유성 색연필'을 권장한다. 유성 색연필은 왁스 성분이 있어 발색이 선명하고 밀착력이 좋다.

- 추천 컬러: 피부색(Skin tone) 계열 3종, 포인트 컬러(Red, Pink, Coral 등), 블랙/브라운.
- 이목구비 묘사: 입술 주름, 홍채의 빗살무늬, 눈 점막의 붉은 기 등 미세한 부분을 정밀하게 그린다.
- 질감 표현: 힘주어 칠하면 반질반질한 광택이 돌아 립글로스를 바른 듯한 효과를 낼 수 있다.

4. 아이쉐도우 (Cosmetic Eyeshadow): 미술 재료가 아닌 실제 화장품을 사용한다. 파스텔보다 입자가 훨씬 곱고 펄(Pearl)감이 있어 뷰티 일러스트 특유의 화려함을 살린다.

추천 타입: 크림 타입보다는 가루 날림이 적은 '프레스드(Pressed) 타입' 파우더 섀도우.

피부 쉐이딩: 브라운 계열 섀도우로 턱 선, 콧대 음영을 넣으면 붓 자국 없이 자연스러운 그라데이션이 가능하다.

치크(Cheek) 표현: 손가락이나 스펀지 팁을 이용해 뺨에 둥글리듯 발라주면 실제 화장과 똑같은 혈색이 연출된다.

5. 수채화 물감 (Watercolor): 모든 것을 채우기보다 맑은 느낌을 더해주는 보조적 주재료로 사용한다.

베이스 작업: 얼굴 전체에 묽게 희석한 살구색을 깔아주어 생기를 부여한다.

헤어 베이스: 머리카락 전체의 색감을 초벌 칠하여 작업 속도를 단축시킨다.

배경(Background): 인물 주변에 물 번짐 효과를 주어 몽환적이고 트렌디한 감성을 연출한다.

6. 지우개 (Eraser): 지우개는 그림을 지우는 도구가 아니라 '흰색을 칠하는 도구'로 접근해야 한다.

떡지우개 (Kneaded Eraser): 찰흙처럼 주물러 쓰는 지우개. 종이를 문지르지 않고 톡톡 두드려 흑연을 흡착한다. 너무 진해진 피부 톤을 밝히거나 은은한 광택을 낼 때 사용한다.

전동 지우개 / 단단한 미술용 지우개: 날카로운 하이라이트를 만든다. 콧등의 가장 높은 곳, 눈동자의 '반짝'하는 반사광(Catch light), 입술의 윤기 등을 표현해 입체감의 정점을 찍는다.

Chapter 2

인체의 기본 형태와 구조

인체의 전체적인 균형을 잡을 때는 머리의 길이를 기준으로 하는 8등분 비례가 가장 표준이며 상반신은 흉곽–허리–골반 3단 구조, 하반신은 대퇴–무릎–종아리–발목 순서로 이어져있다.

도형으로 단순화 하면 타원, 원통, 사다리꼴, 삼각형으로 나눌 수 있으며 남자와 여자는 골격 구조와 근육, 지방의 분포에 따라 외형적인 형태의 차이를 보인다. 남자는 어깨 너비가 골반보다 넓은 역삼각형 구조를 이루고, 여자는 골반이 어깨보다 넓거나 비슷하고 허리가 잘록한 모래시계 형태 구조를 띠고 있다. 또한 남자는 근육의 윤곽이 뚜렷한 직선 느낌이 강하고, 여자는 지방 분포와 골반 형태로 인해 부드럽고 유연한 곡선의 느낌을 가지고 있다.

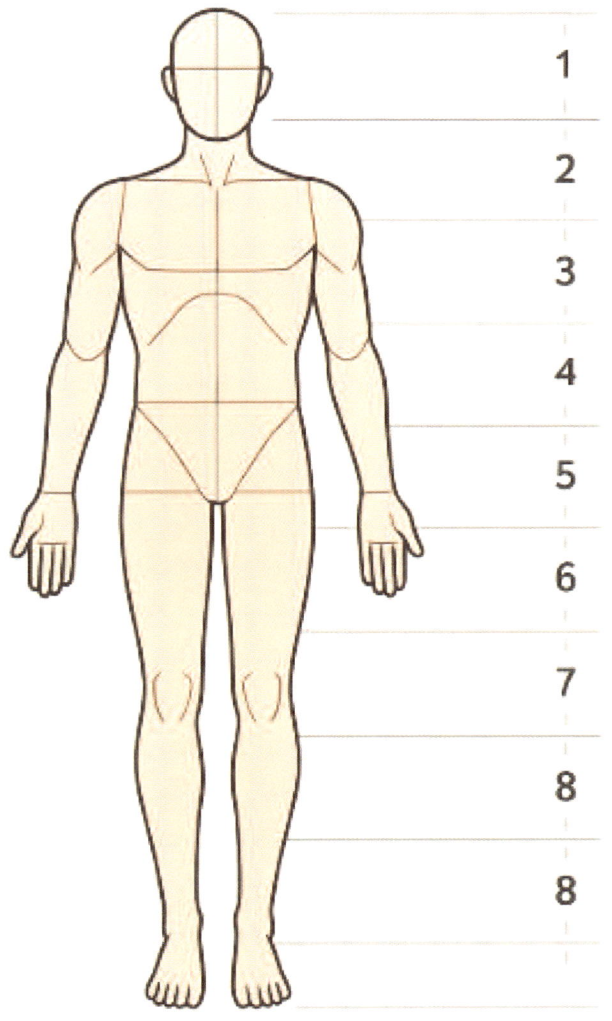

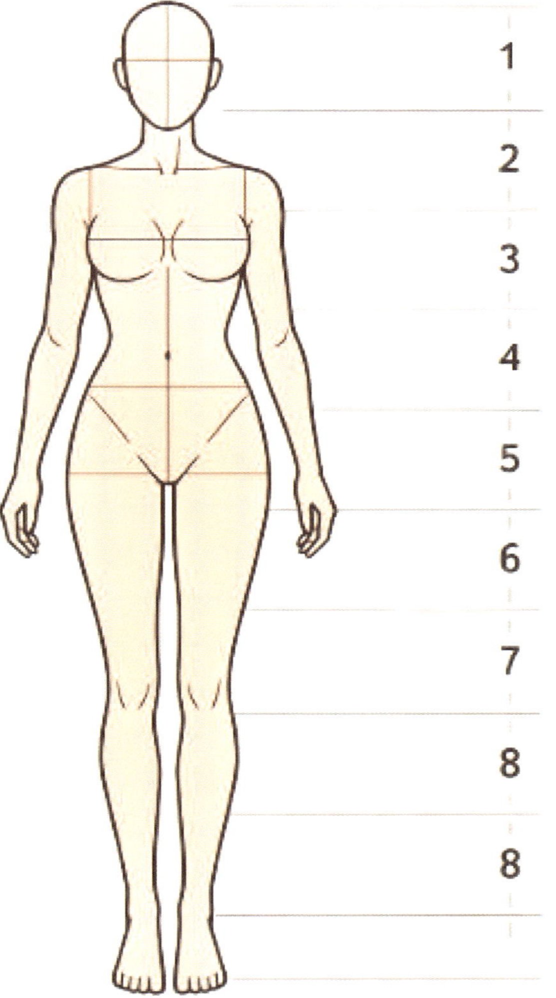

Chapter 3

입술 표현

입술을 그릴 때는 가장 먼저 얼굴의 정중앙을 지나는 수직축을 기준으로 전체적인 균형을 파악해야 한다. 다음으로 인중과 턱 끝을 잇는 중심선을 기준으로 좌우의 길이와 위치, 입꼬리의 각도가 좌우대칭을 이루도록 스케치한다. 입술산과 아랫입술의 가장 볼록한 지점이 중심축 위에 정확히 오도록 배치하여 구조적 안정감을 확보하고 윗입술과 아랫입술의 비율을 1 대 1.5로 그리는 것이 가장 이상적이다. 윗입술보다 아랫입술을 도톰하게 표현함으로써 무게중심을 아래에 두고, 자연스러운 볼륨감을 형성하게 된다. 아랫입술은 빛을 가장 많이 받는 부위이므로, 입술의 밑라인에서 시작하여 중앙부로 갈수록 점차 밝아지는 그라데이션을 적용한다. 이 밝은 영역이 입술의 탱글탱글한 질감을 결정짓는다. 위, 아랫입술이 맞닿는 입술 안쪽 라인은 빛이 차단되는 곳이므로 가장 어둡고 진하게 표현한다.

명암의 흐름: '입술 안쪽의 어둠(Dark) → 윗입술의 중간 톤 → 아랫입술의 밝음(Light) → 아랫입술 밑 그림자' 순서로 명도 차이를 두어 입체적인 느낌을 표현하여 완성한다.

Chapter 4

헤어 표현

헤어 일러스트에서 생동감 있는 입체감을 형성하는 핵심은 빛의 방향과 세기에 따른 명암의 단계적 변화에 있으며, 밝고 어두운 영역의 배치에 따라 머리카락의 양감과 깊이가 다양하게 나타난다. 머리카락의 결을 묘사할 때는 두피의 둥근 형태를 인지하고 뿌리에서부터 자라 나오는 방향성을 살려야 하므로, 경직된 직선보다는 유연한 C자형 곡선을 사용하여 한 올 한 올 섬세하게 드로잉한다. 또한, 빛을 가장 많이 받아 반짝이는 하이라이트 영역을 기점으로 중간 톤과 어두운 톤이 뚝 끊겨 보이지 않도록 부드럽게 연결해야 하며, 이러한 톤의 자연스러운 흐름이 이어지도록 윤기 있는 머릿결을 완성한다.

Chapter 5

선과 명암의 그라데이션 블렌딩 기법
라인 워크(Line Work)의 강약 조절

명암 단계별 라인워크는 빈칸을 0부터 10단계까지의 톤으로 채우며 필압의 세기와 선의 밀도를 정교하게 조절하는 핵심적인 기초 훈련이다. 가장 어두운 영역인 0~3단계는 필기구의 압력을 최대로 높여 선을 여러 번 겹쳐 긋거나 간격을 완전히 없애 묵직하고 밀도 높은 어둠을 표현해야 한다. 이어지는 4~7단계는 중간 톤으로서, 손목의 긴장을 풀고 중간 정도의 힘을 유지하되 단계가 올라갈수록 선의 간격을 조금씩 넓혀 회색조의 그라데이션을 부드럽게 형성한다. 이때 선의 굵기가 급격히 변하지 않도록 유의해야 한다. 밝은 영역인 8~9단계에 이르면 손에 힘을 거의 주지 않고 종이 위를 스치듯 가볍게 지나가며 아주 얇고 섬세한 선의 흔적만 남겨야 한다. 마지막으로 10단계는 인위적인 선을 전혀 긋지 않고 종이의 흰색 여백을 그대로 보존하여 빛을 정면으로 받는 가장 눈부신 하이라이트를 완성한다. 이처럼 단계별로 힘을 점차 줄여가는 섬세한 필압 조절을 통해 자연스러운 입체감을 구현할 수 있다.

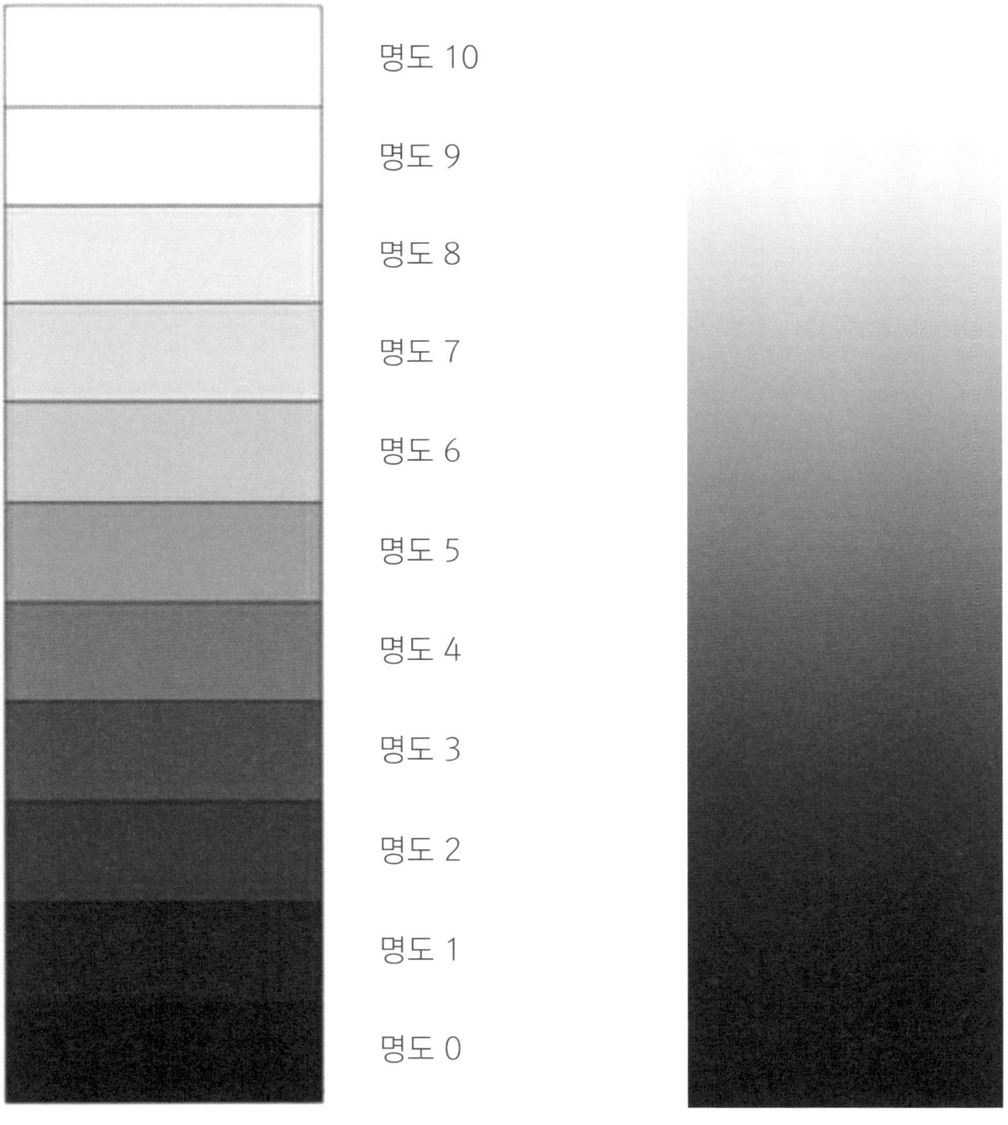

Chapter 6

얼굴의 구조 (얼굴 골격 및 근육학 (Anatomy))

얼굴의 구조는 두개골이라는 견고한 뼈대 위에 복잡한 근육들이 층을 이루며 형성된다. 두개골은 뇌를 보호하는 뇌두개와 안면 윤곽을 결정짓는 안면두개로 구분되며, 특히 전두골, 관골, 하악골이 얼굴의 입체감을 좌우하는 핵심 지지대이다. 이 골격 위에는 다양한 표정 근육이 부착되어 있는데, 눈을 감싸는 안륜근과 입 주변의 구륜근, 턱을 움직이는 교근 등이 수축과 이완을 반복하며 다채로운 표정을 만들어낸다.

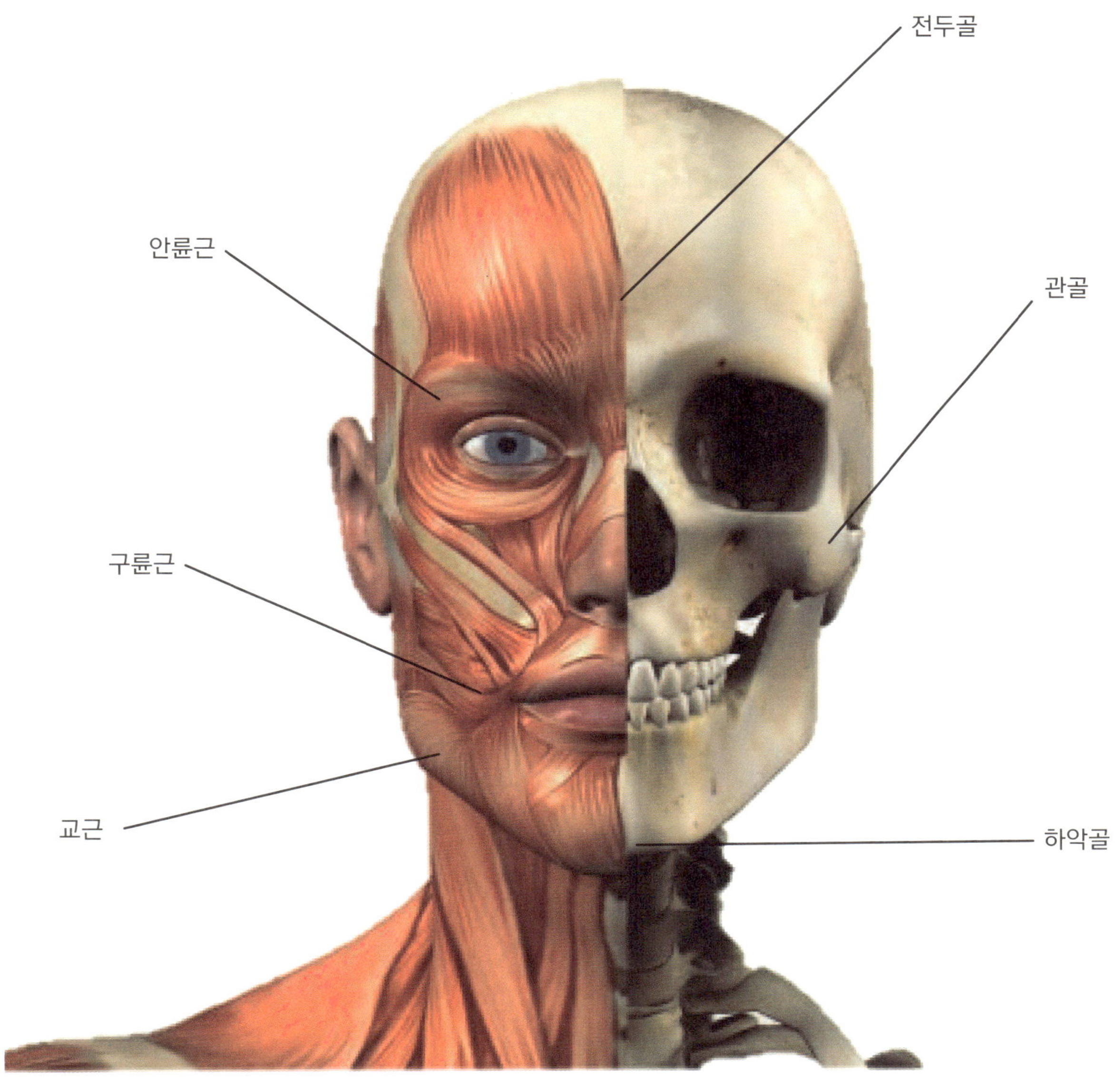

Chapter 7

얼굴의 균형

얼굴의 조형적 아름다움과 시각적 안정감은 골격의 정확한 비례에서 비롯되며 가로 방향의 3등분할과 세로 방향의 5등분할로 정의된다. 얼굴의 길이를 나누는 가로 분할은 헤어라인의 시작점에서 눈썹까지의 상안부, 눈썹에서 코끝까지의 중안부, 그리고 코끝에서 턱 선의 끝점까지의 하안부가 각각 1:1:1의 비율로 균일하게 나누어질 때 가장 이상적인 형태를 띤다.얼굴의 너비를 결정하는 세로 분할은 얼굴의 가로 길이를 기준 단위로 삼아 총 5개의 구간으로 등분하여 파악한다. 얼굴 외곽의 헤어라인에서 눈꼬리까지의 여백, 눈꼬리에서 눈 앞머리까지의 눈 길이, 양쪽 눈 앞머리 사이의 미간 거리, 반대편 눈의 길이, 그리고 다시 눈꼬리에서 반대편 헤어라인까지의 구간이 균등한 너비를 가져야 이상적인 형태이다. 미간의 너비가 눈 한 쪽의 길이와 정확히 일치하고, 양쪽 관자놀이 쪽의 여백이 대칭을 이룰 때 이목구비가 가장 조화롭고 정돈된 인상을 주게 된다.

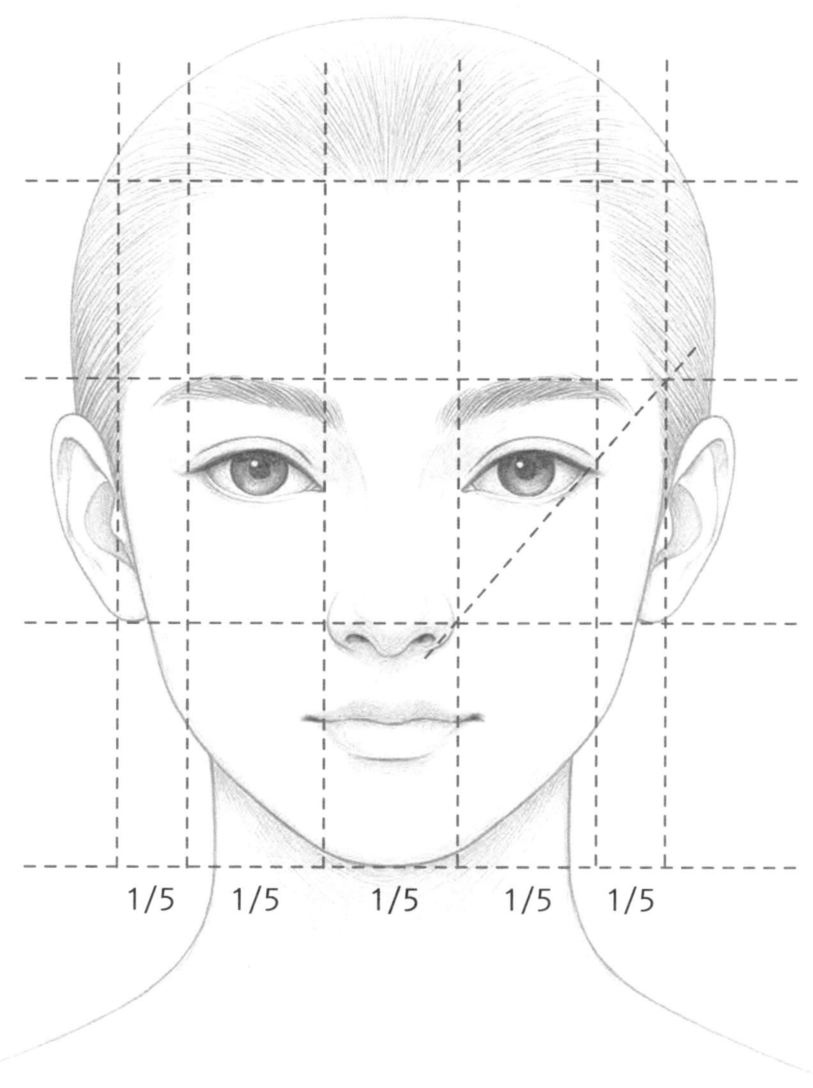

Chapter 8

얼굴의 형태

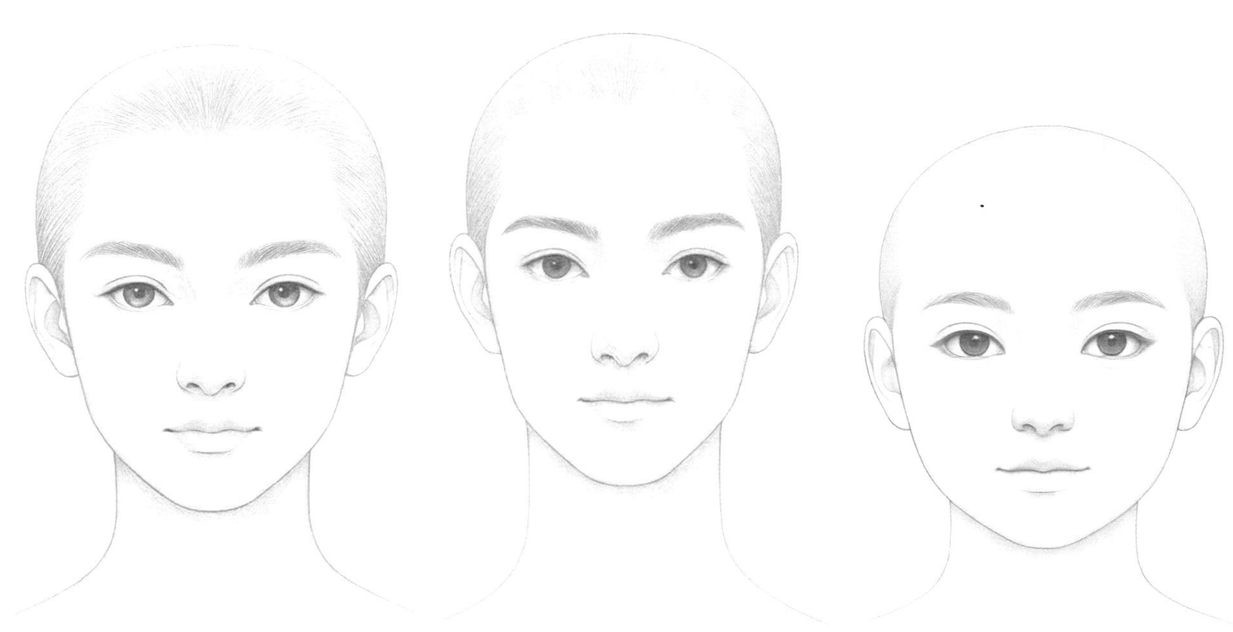

기본형　　　긴 형　　　둥근 형

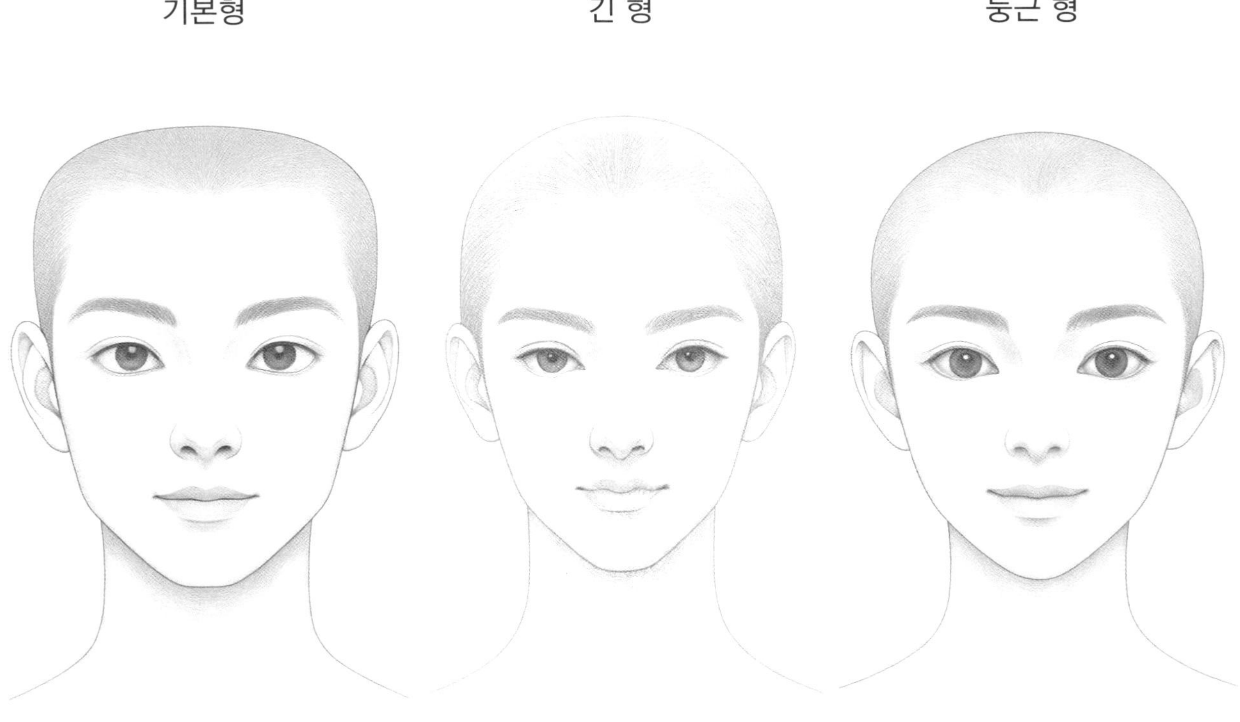

사각 형　　　다이아몬드 형　　　역삼각 형

Eye-Brow Style

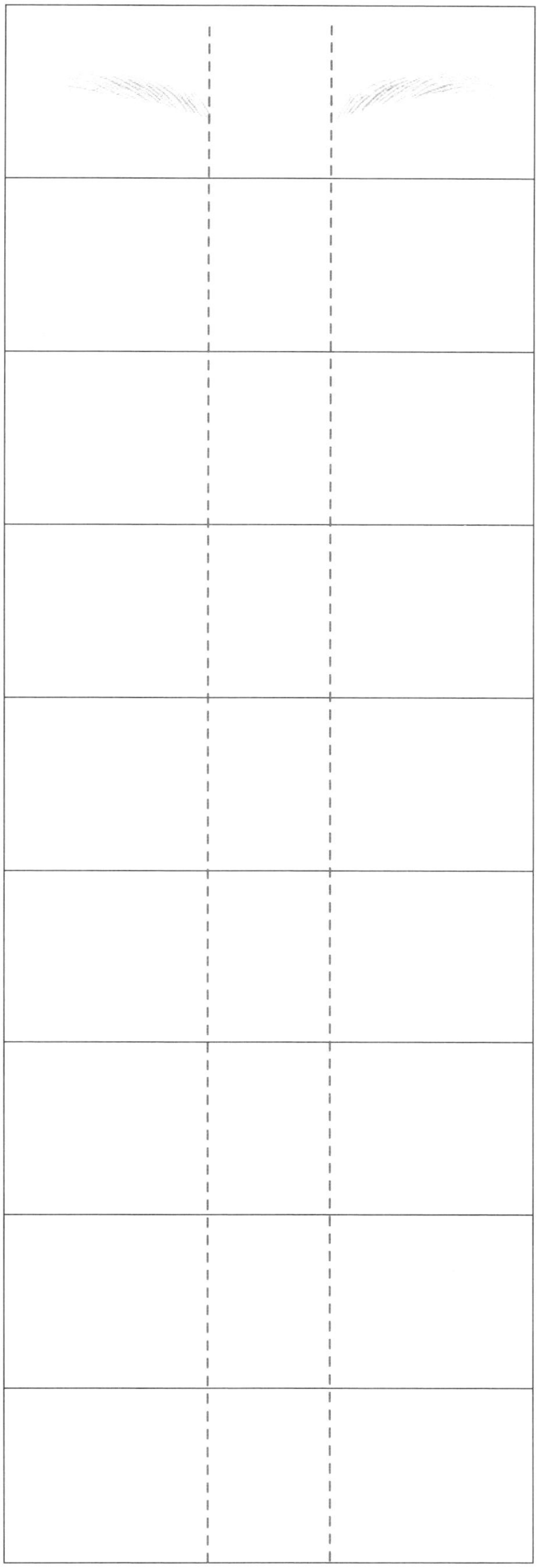

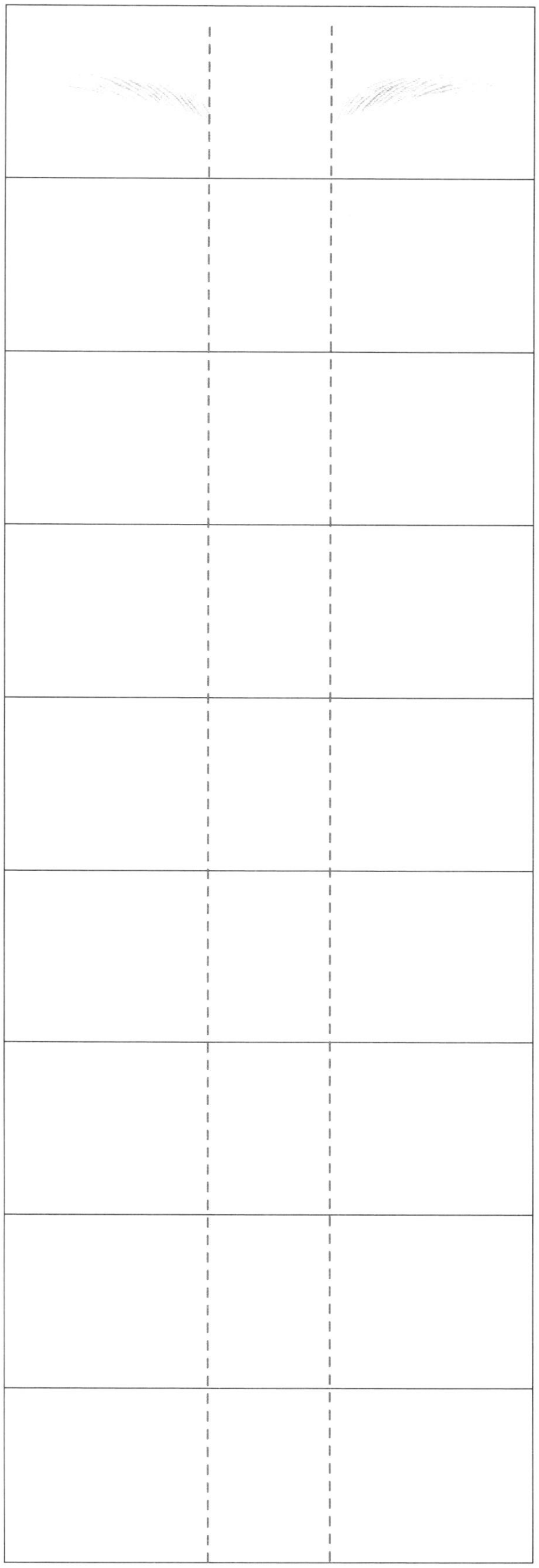

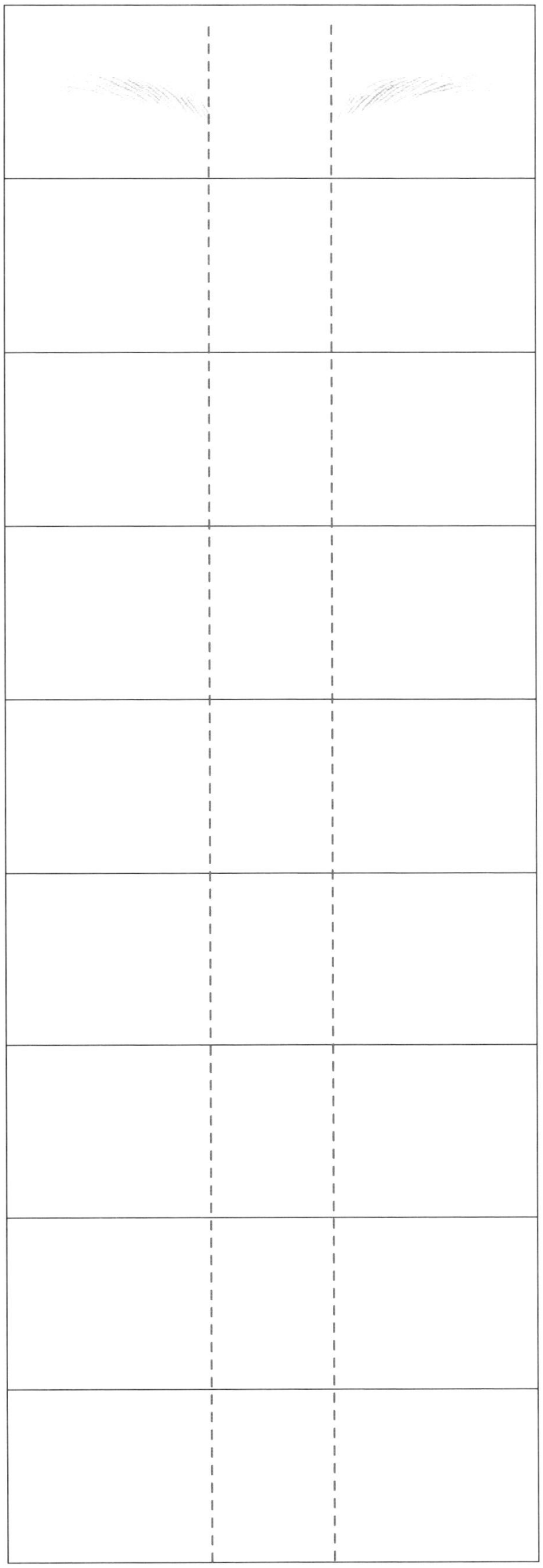

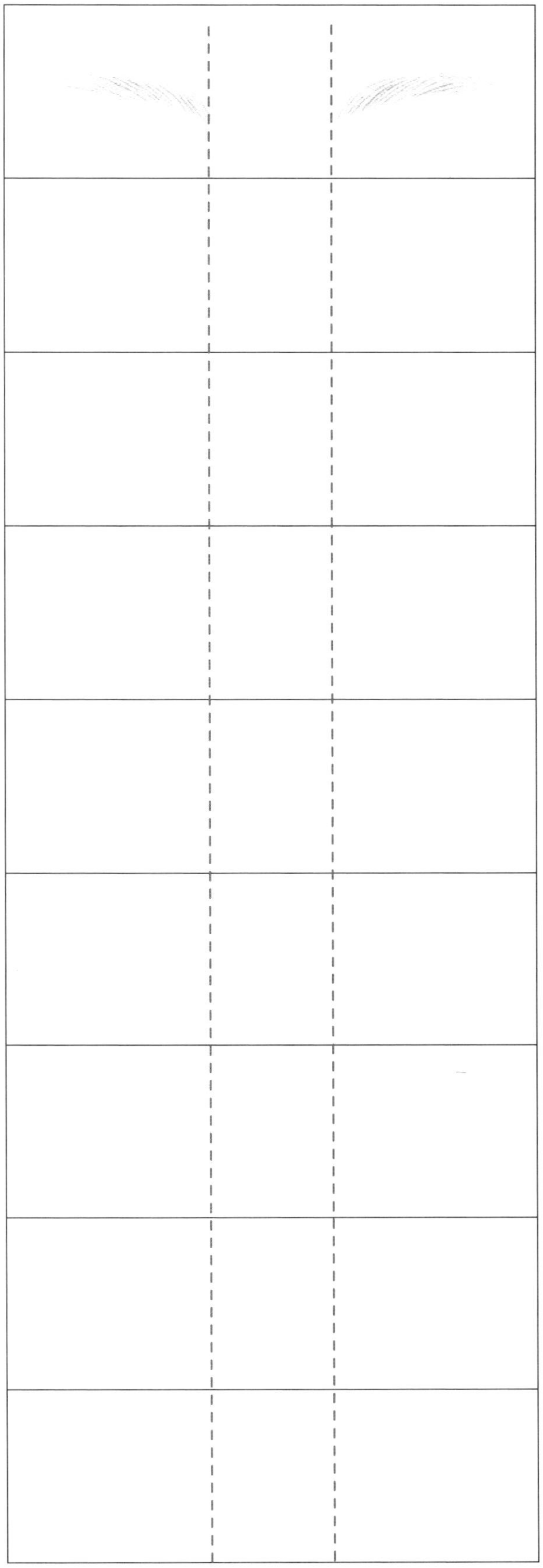

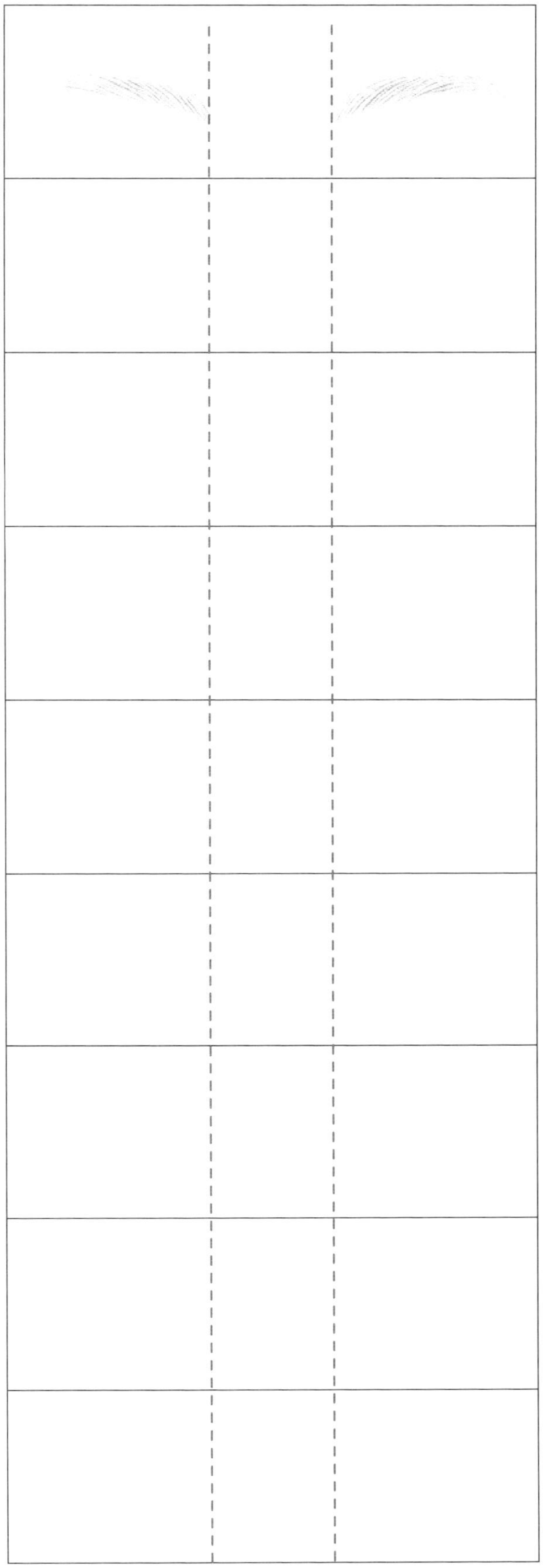

Eye-Shadow Style

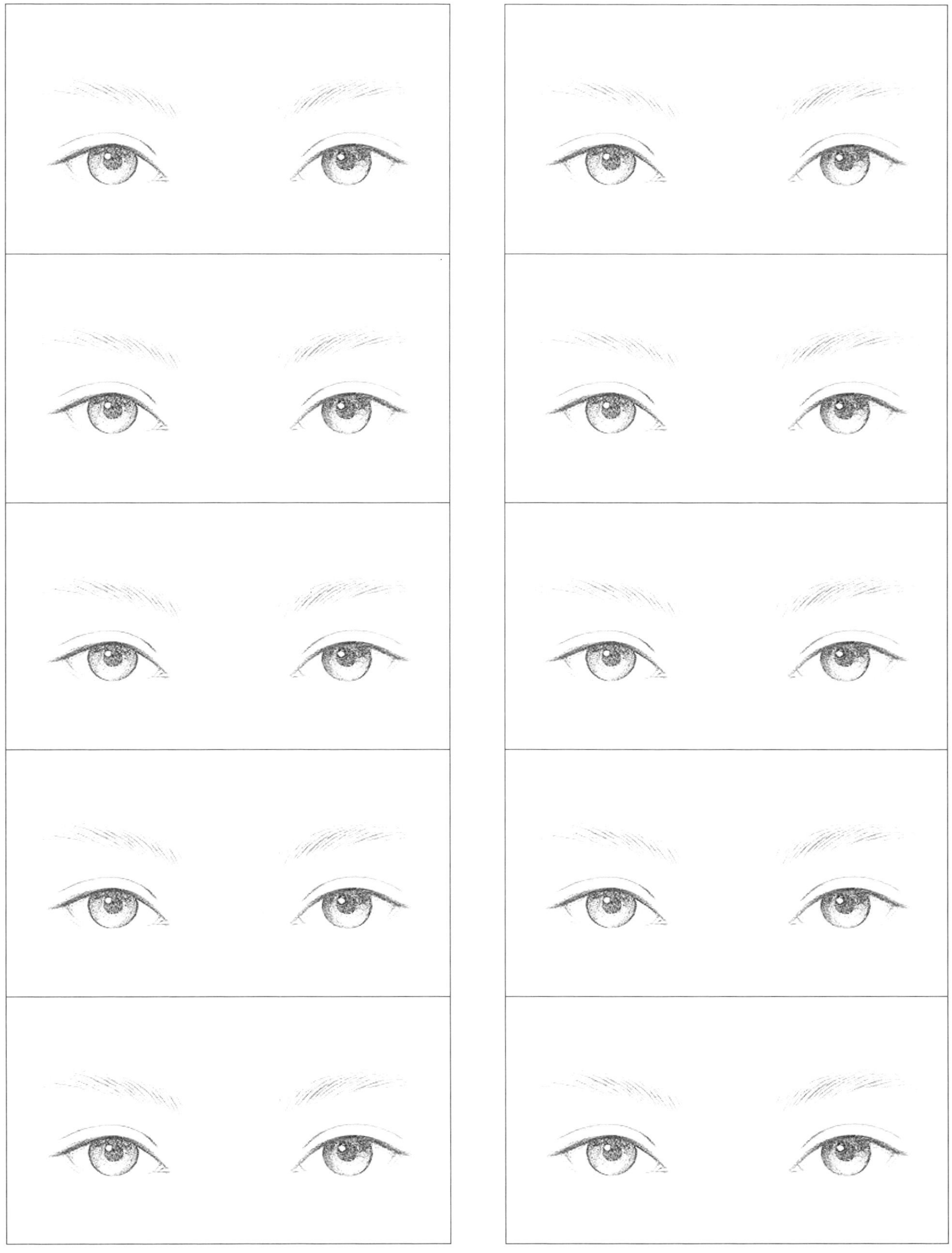

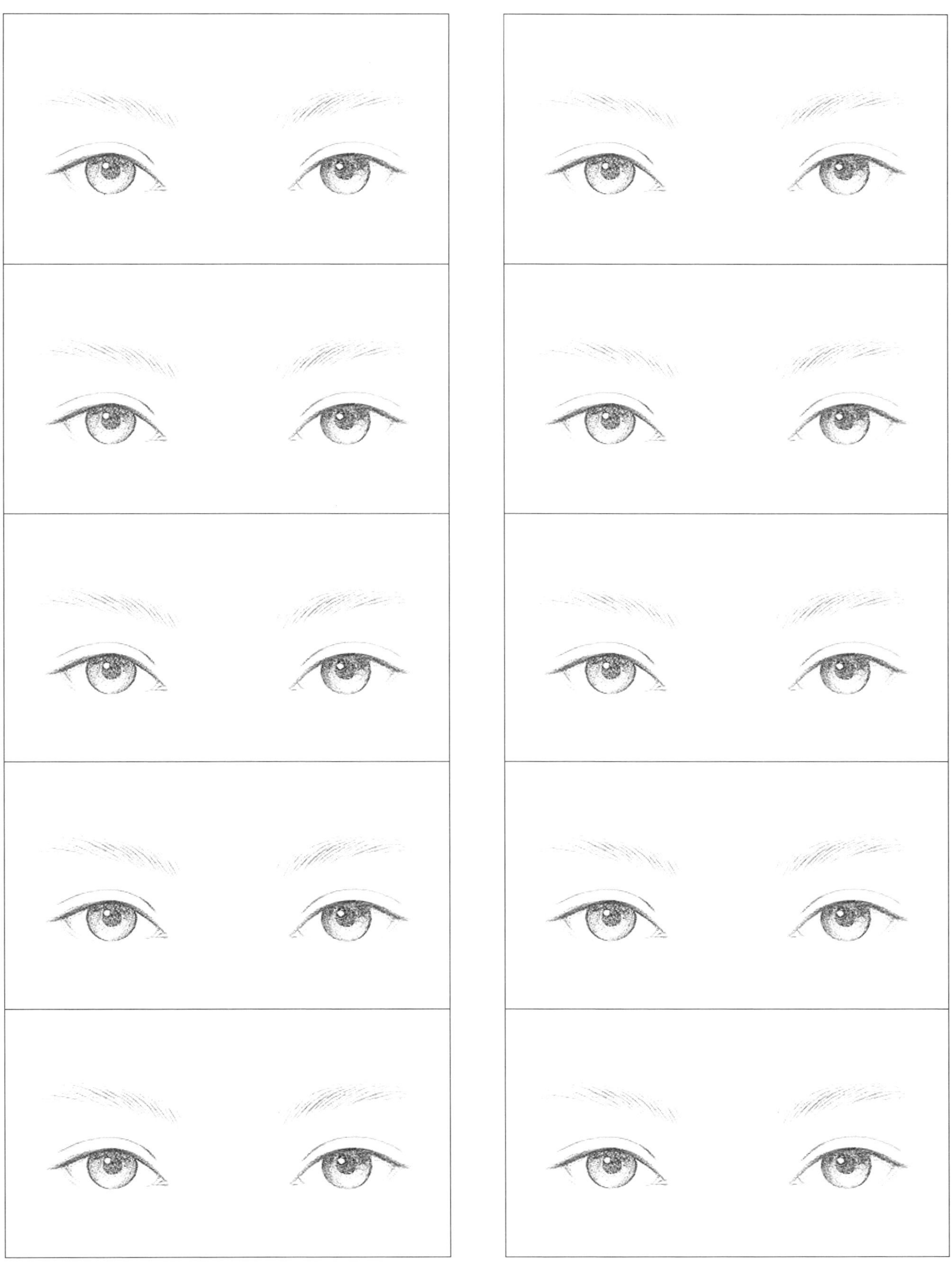

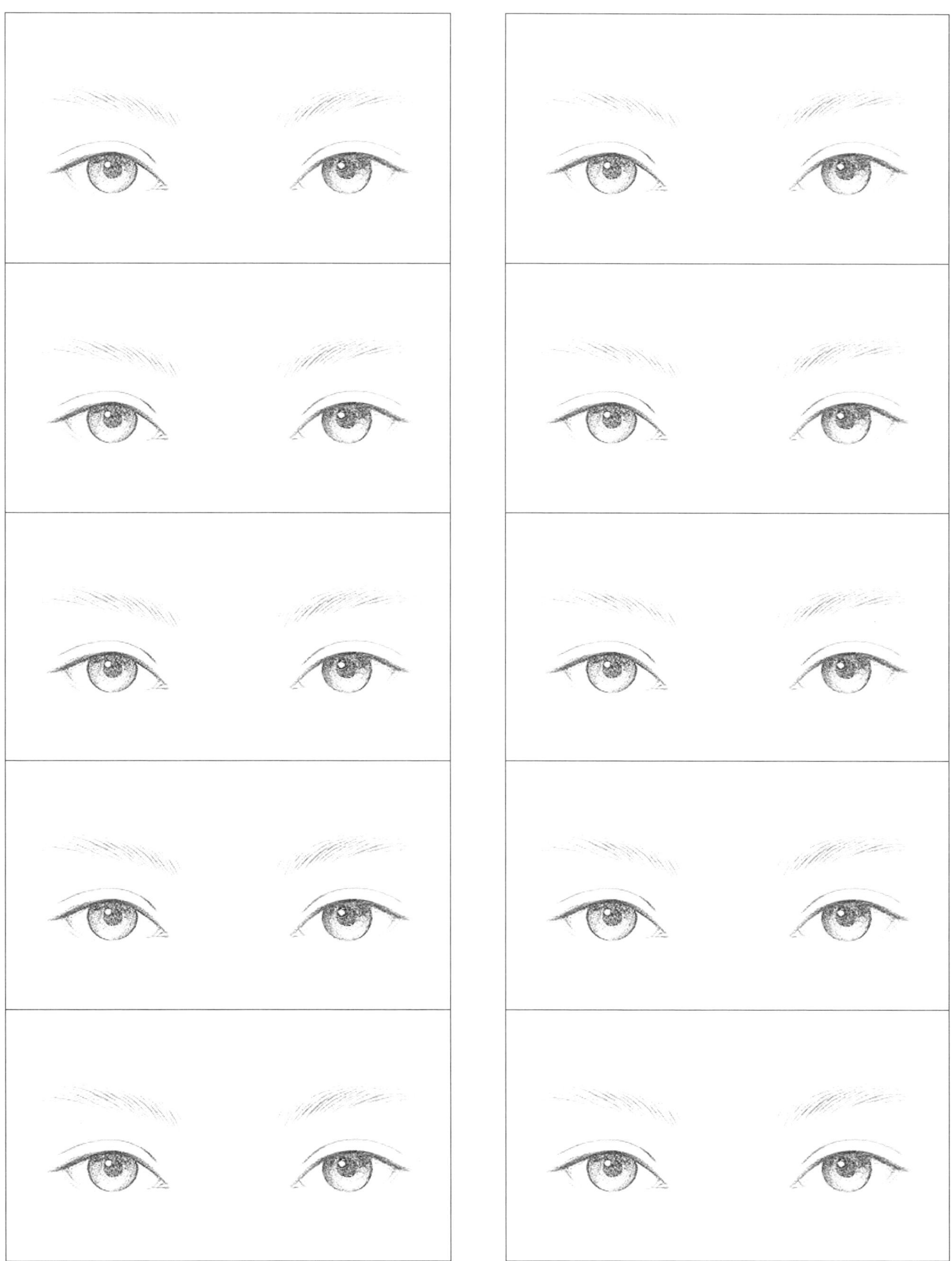

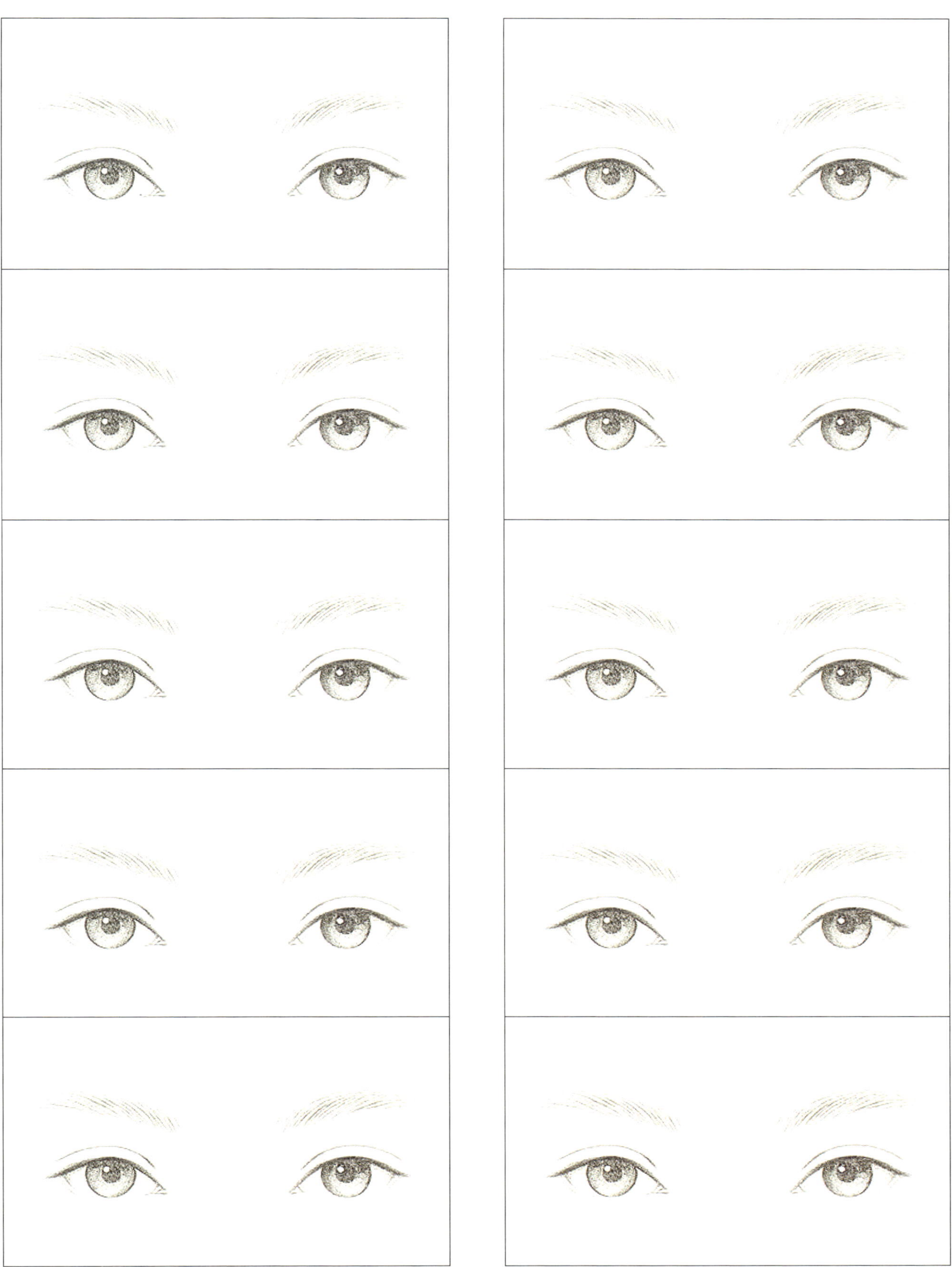

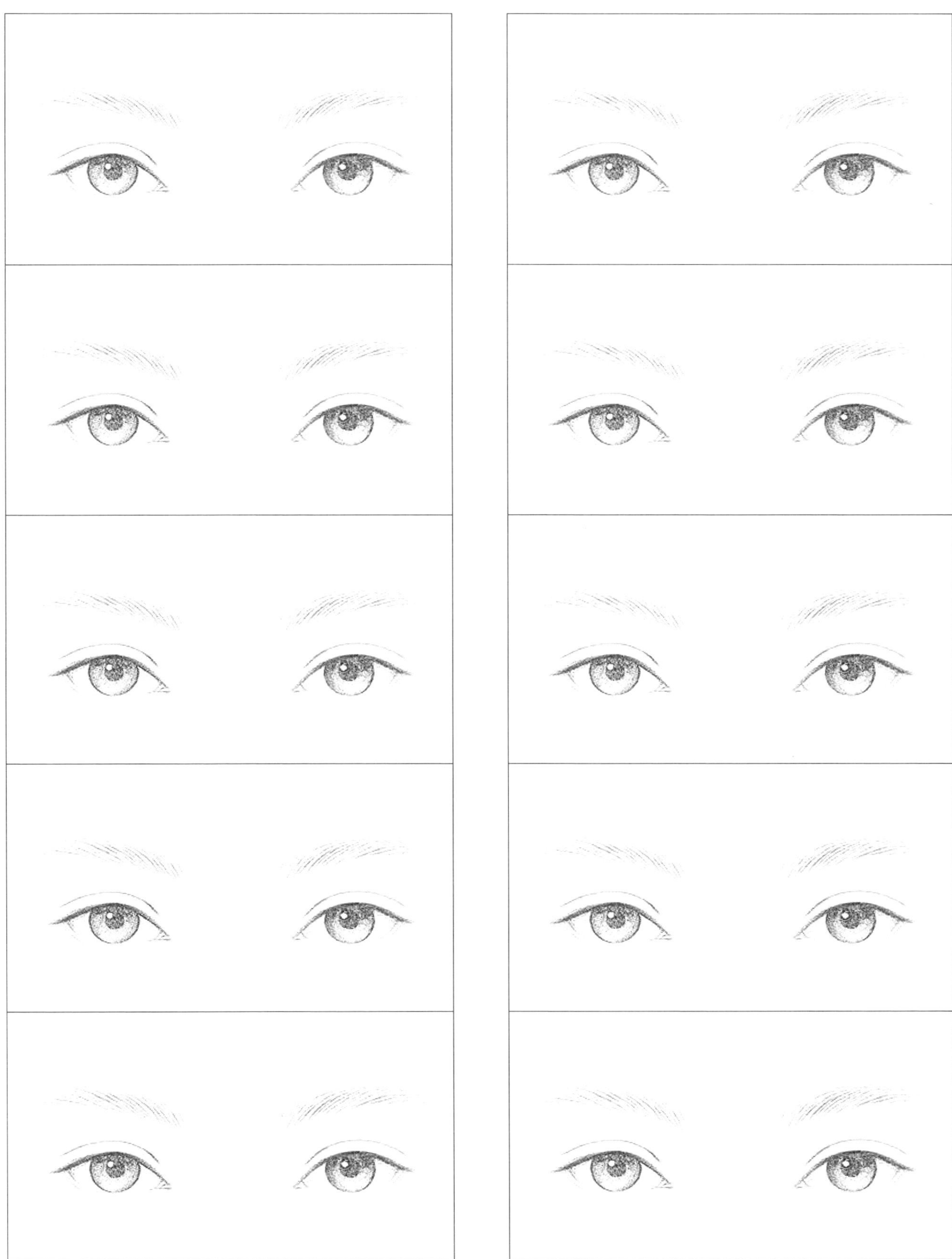

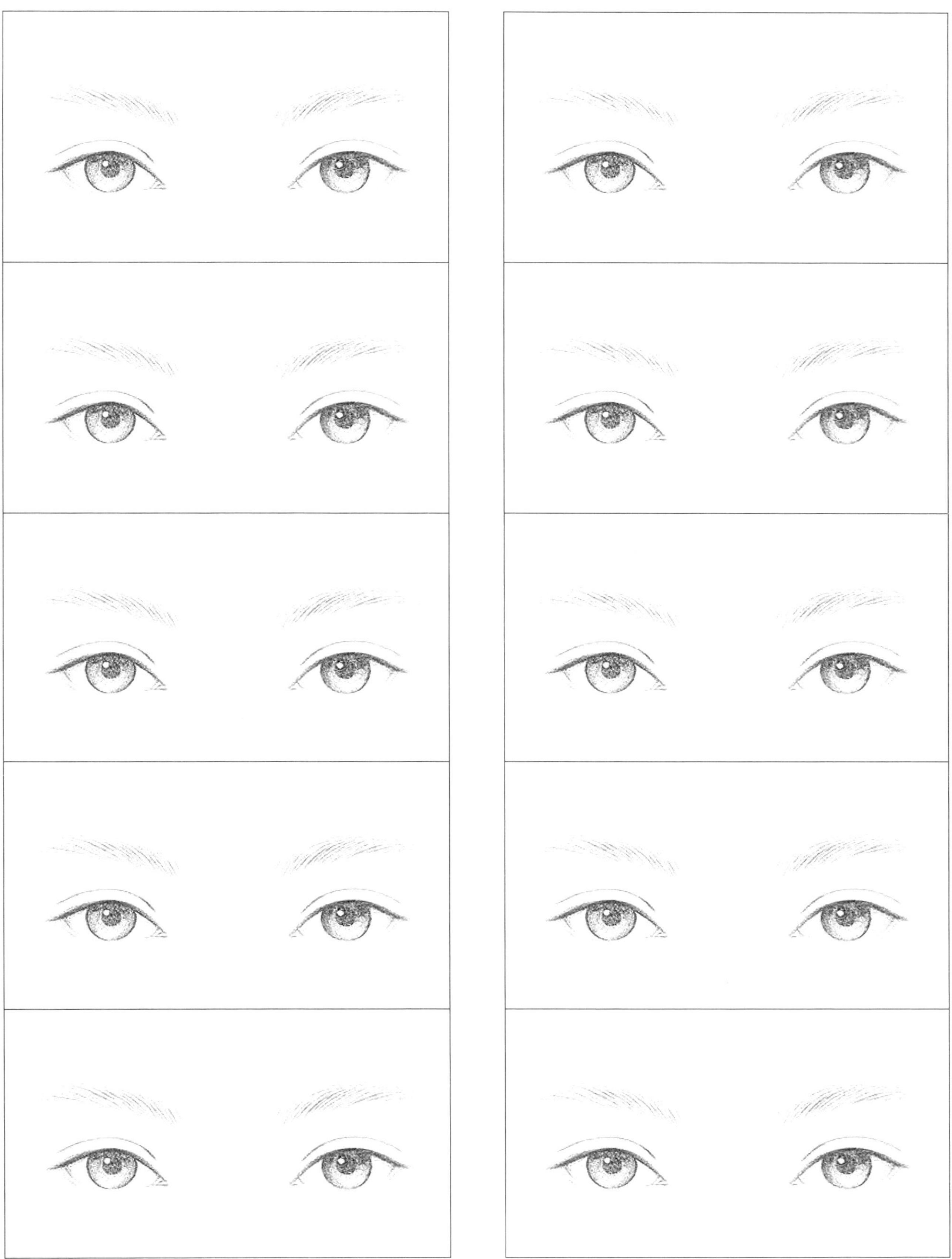

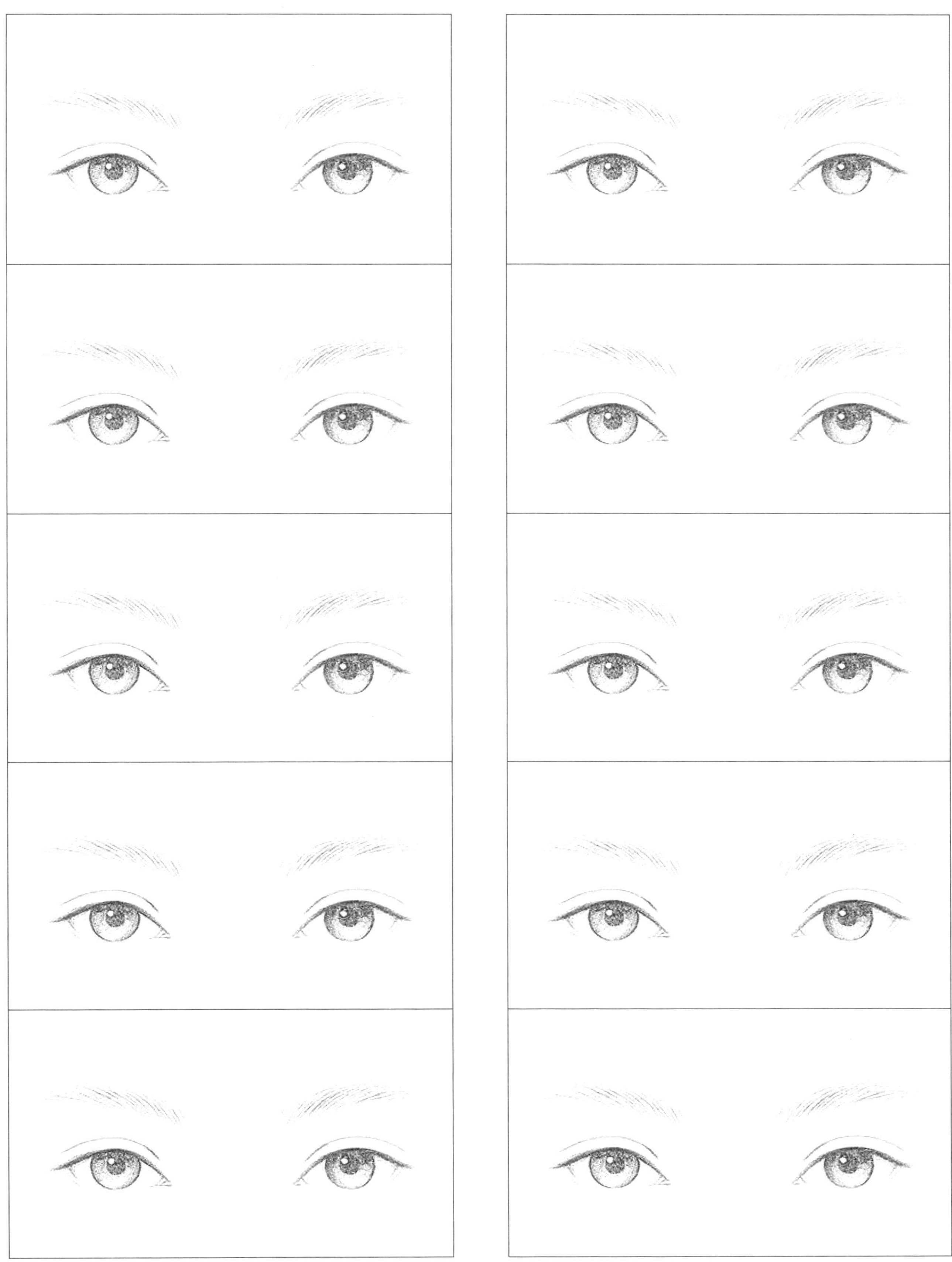

Lip Style

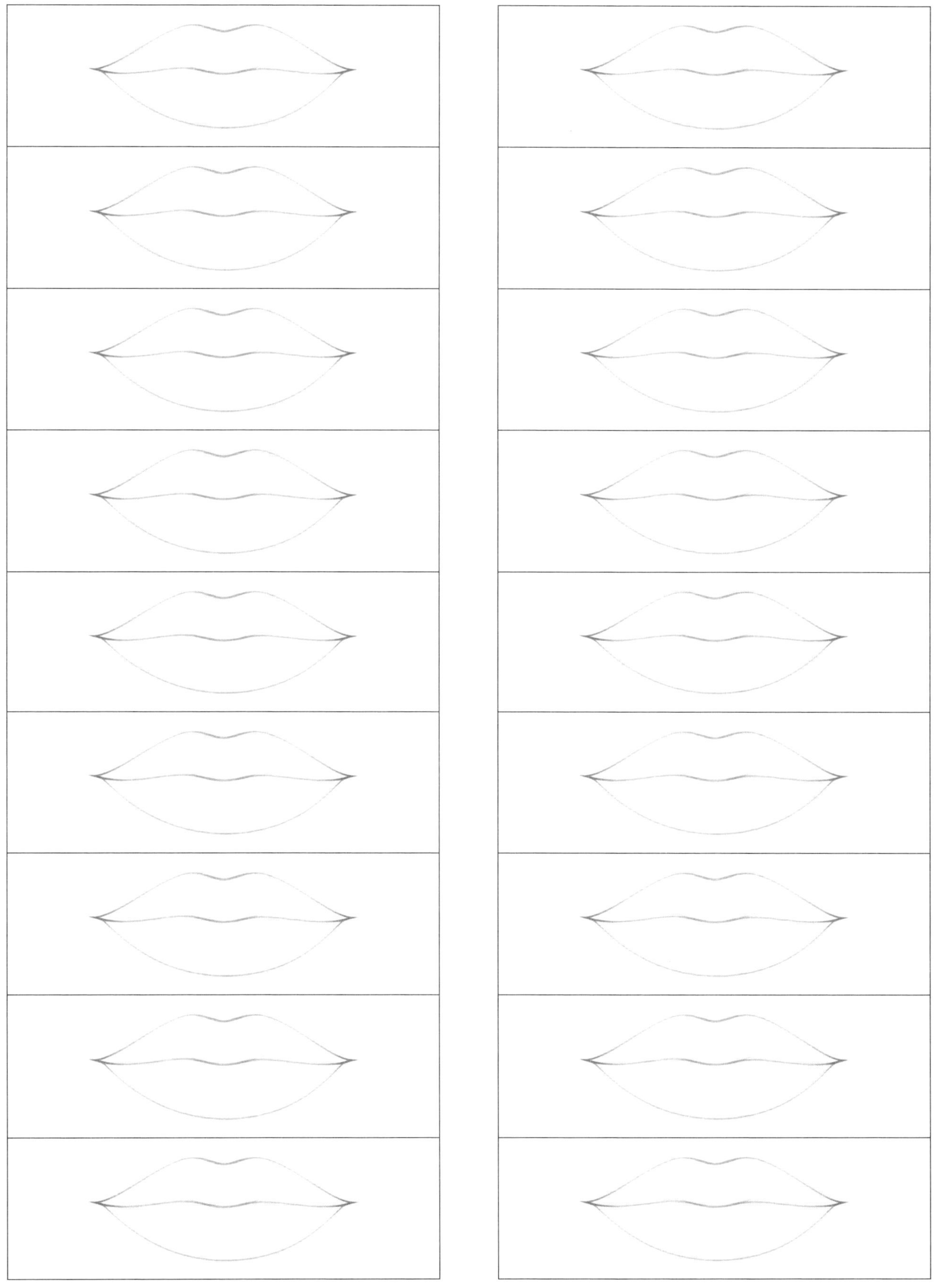

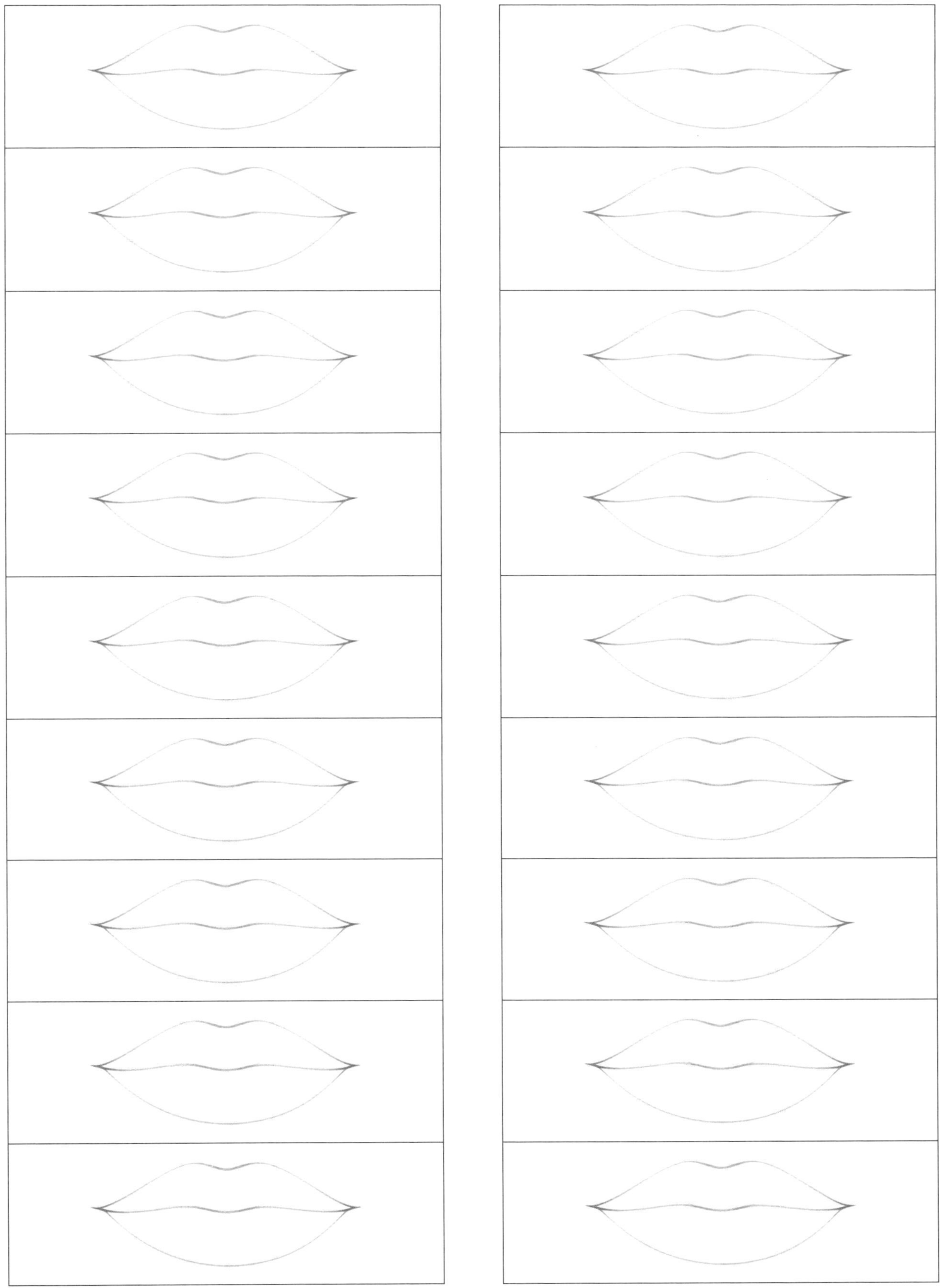

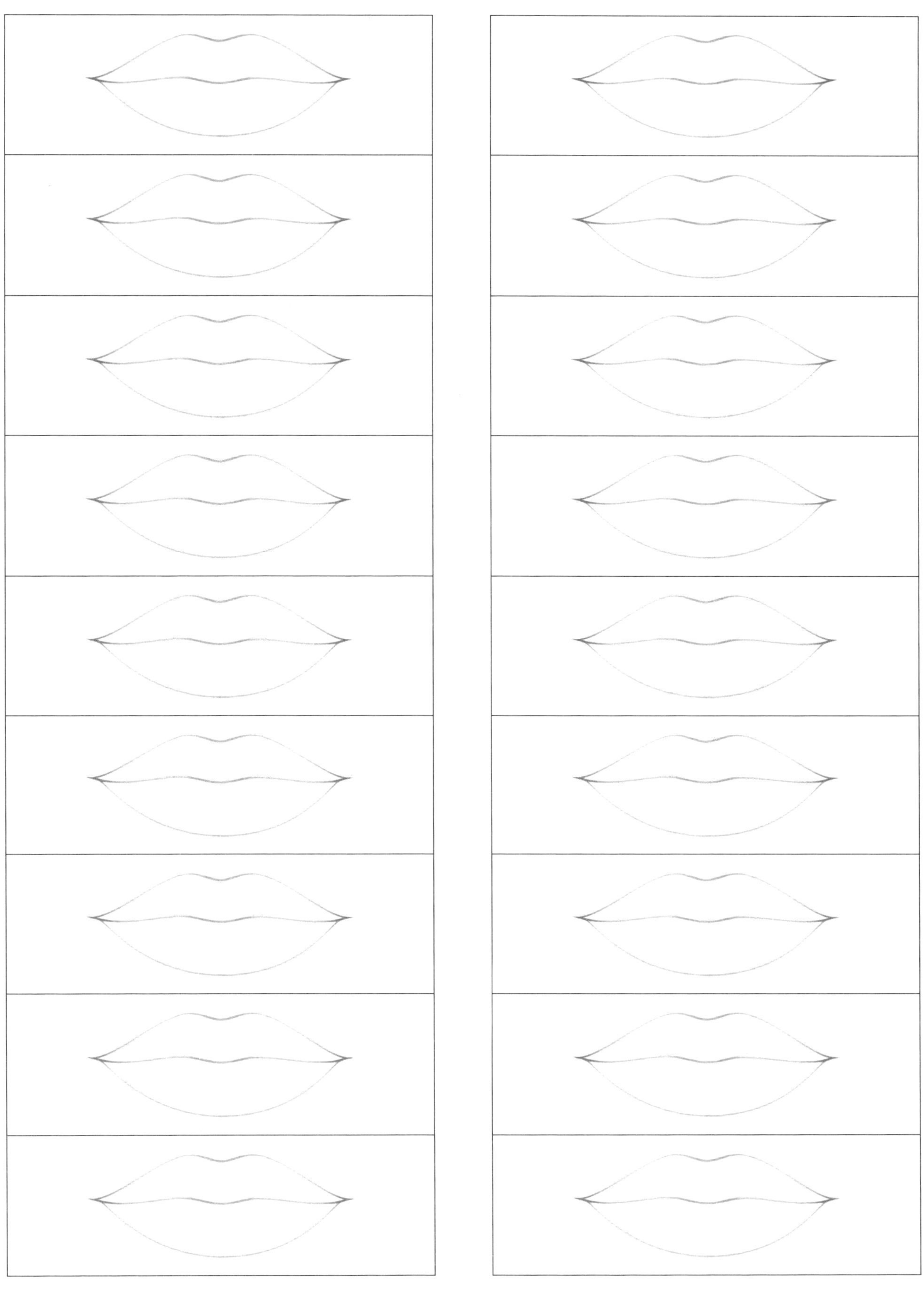

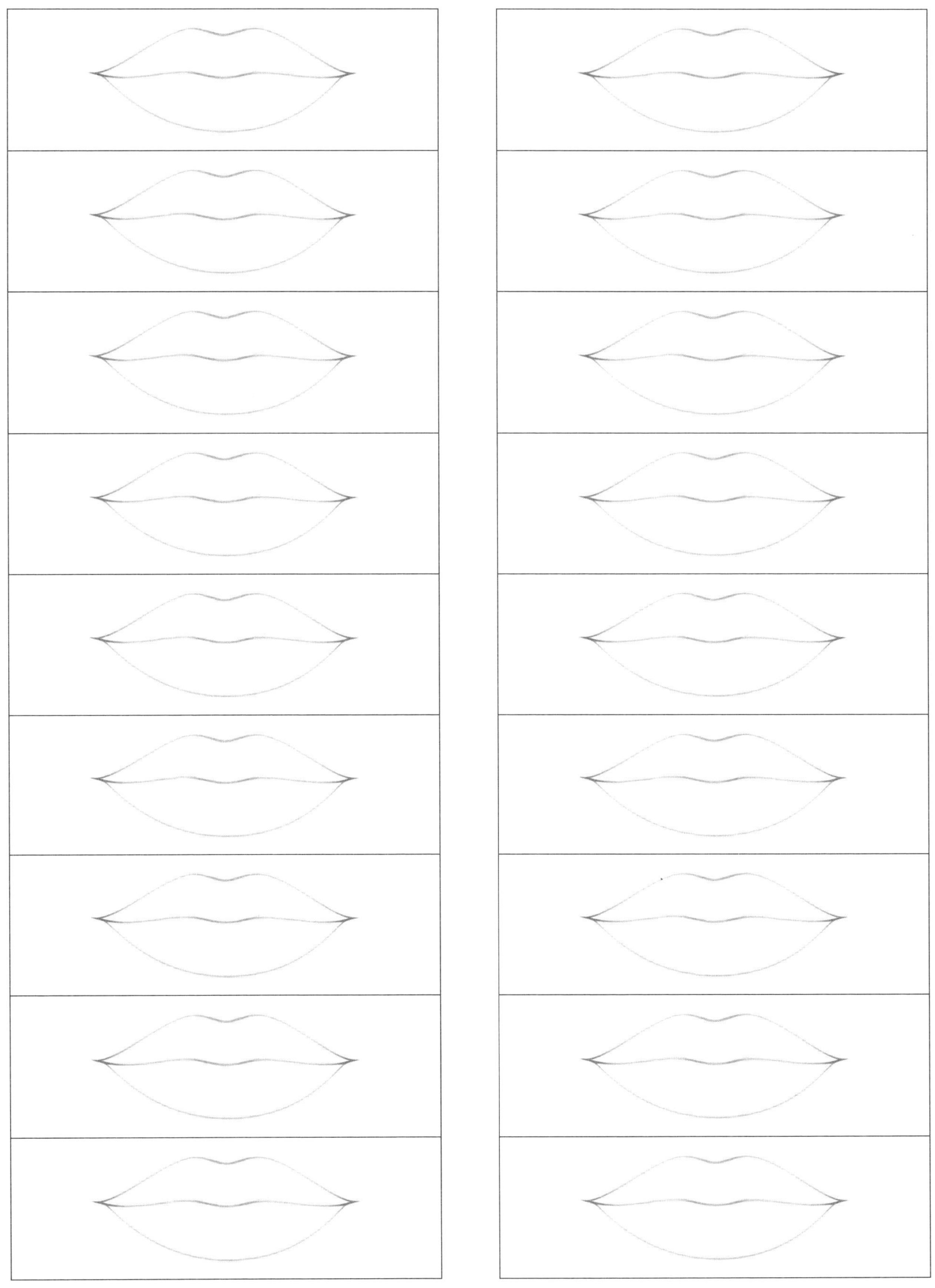

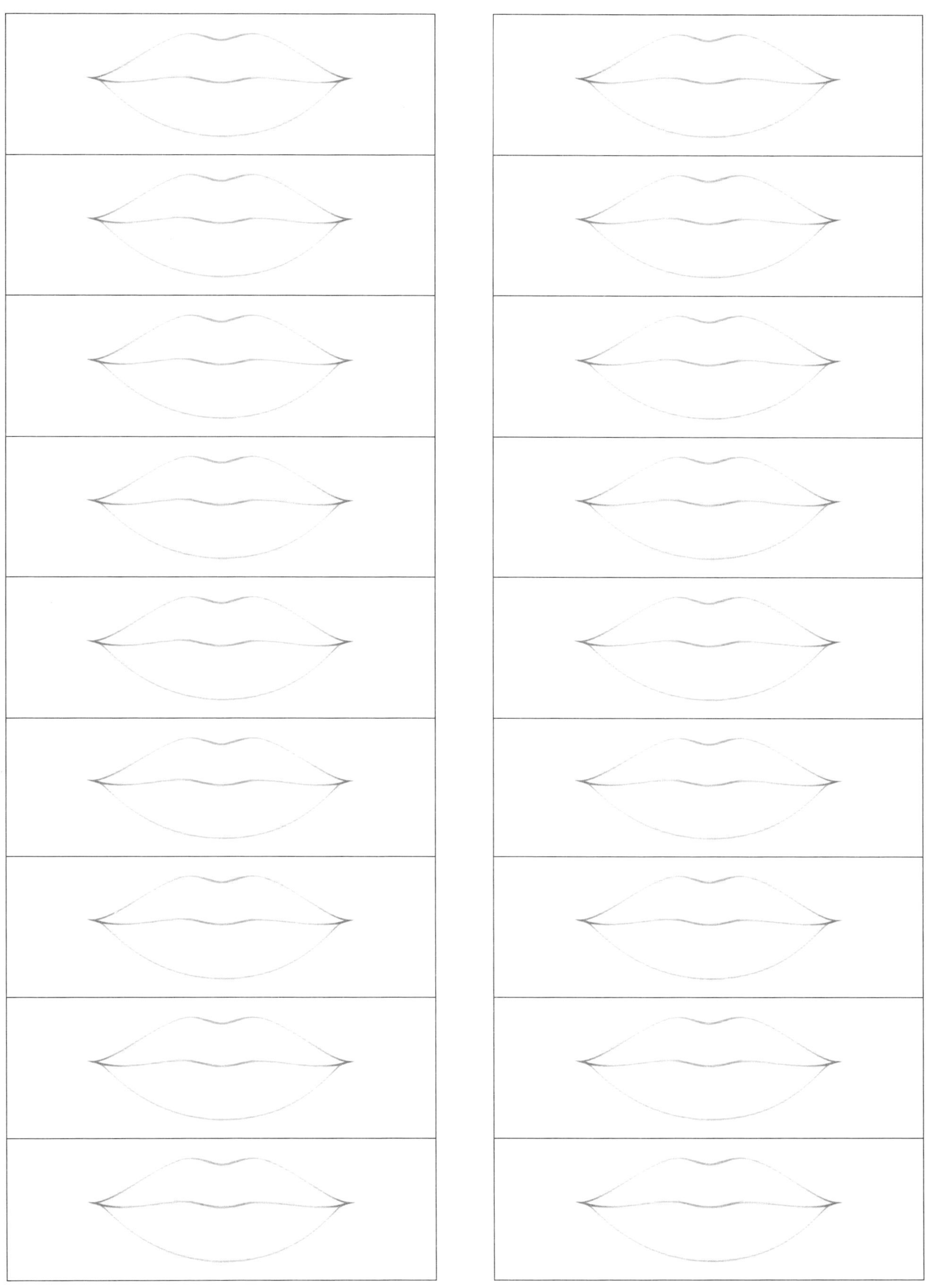

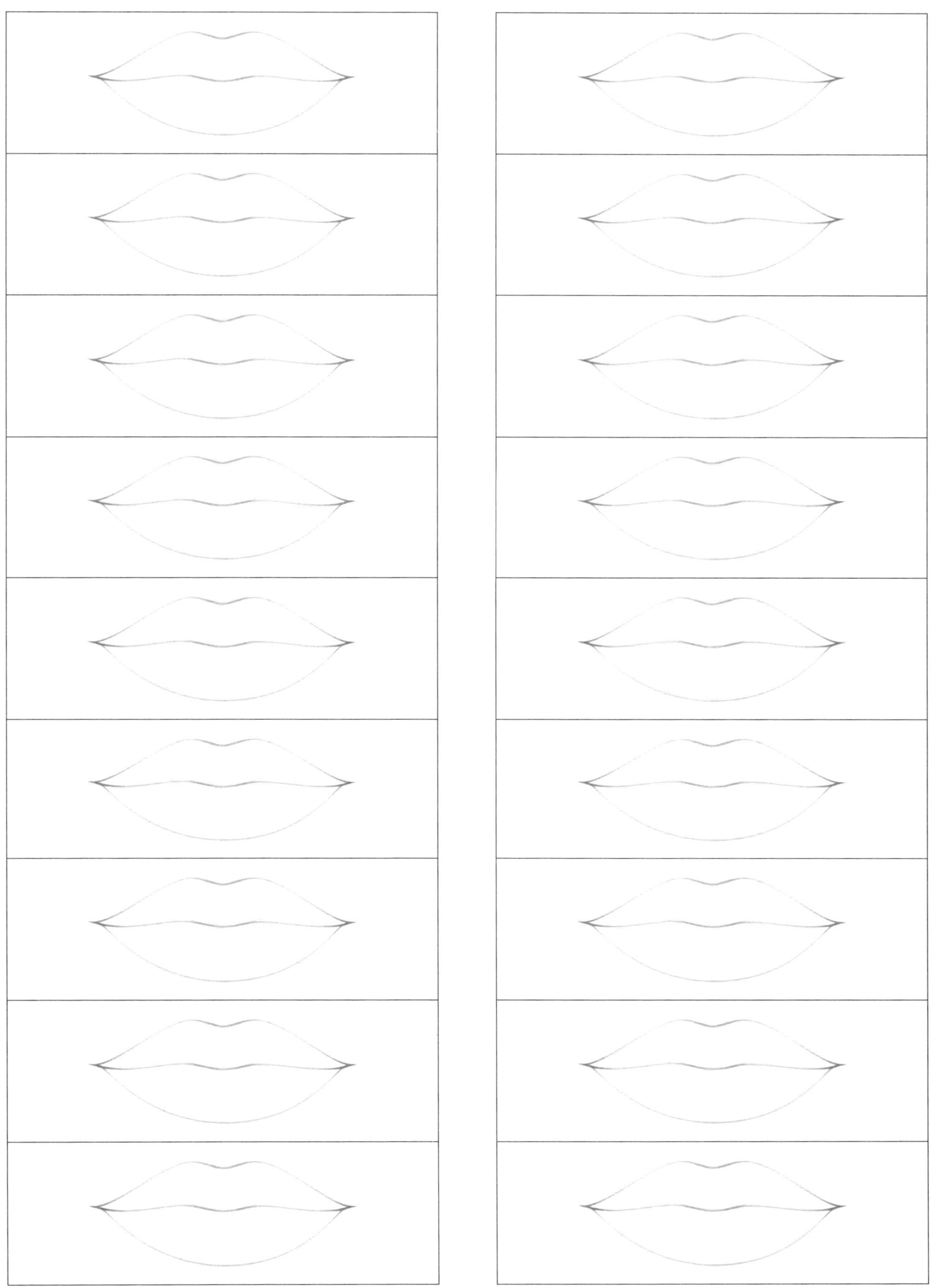

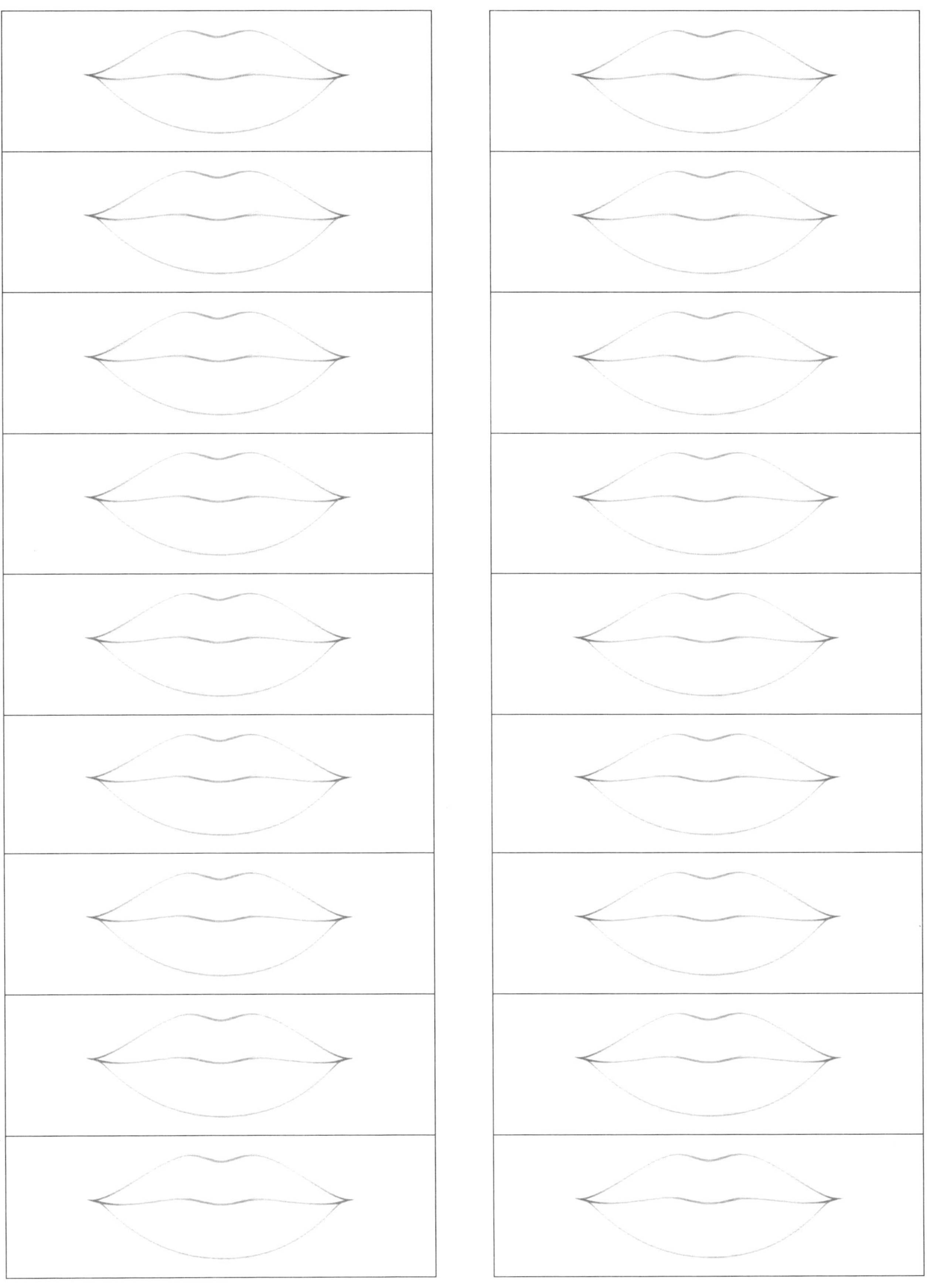

여자 얼굴 정면

Make-up Titel :			Day :		
Eye-shadow					
Main color		Point color		Accent color	
Cheek color			Lip color		

Make-up Titel :			Day :	
Eye-shadow				
Main color	Point color		Accent color	
Cheek color			Lip color	

<table>
<tr><td colspan="3">**Make-up Titel :**</td><td colspan="3">Day :</td></tr>
<tr><td colspan="6">Eye-shadow</td></tr>
<tr><td colspan="2">Main color</td><td colspan="2">Point color</td><td colspan="2">Accent color</td></tr>
<tr><td colspan="2"></td><td colspan="2"></td><td colspan="2"></td></tr>
<tr><td colspan="3">Cheek color</td><td colspan="3">Lip color</td></tr>
<tr><td colspan="3"></td><td colspan="3"></td></tr>
</table>

Make-up Titel :		Day :
Eye-shadow		
Main color	Point color	Accent color
Cheek color	Lip color	

Make-up Titel :			Day :		
Eye-shadow					
Main color		Point color		Accent color	
Cheek color			Lip color		

<table>
<tr><td colspan="3">**Make-up Titel :**</td><td colspan="3">Day :</td></tr>
<tr><td colspan="6">Eye-shadow</td></tr>
<tr><td colspan="2">Main color</td><td colspan="2">Point color</td><td colspan="2">Accent color</td></tr>
<tr><td colspan="2"></td><td colspan="2"></td><td colspan="2"></td></tr>
<tr><td colspan="3">Cheek color</td><td colspan="3">Lip color</td></tr>
<tr><td colspan="3"></td><td colspan="3"></td></tr>
</table>

<table>
<tr><td colspan="3">Make-up Titel :</td><td colspan="3">Day :</td></tr>
<tr><td colspan="6">Eye-shadow</td></tr>
<tr><td colspan="2">Main color</td><td colspan="2">Point color</td><td colspan="2">Accent color</td></tr>
<tr><td colspan="2"></td><td colspan="2"></td><td colspan="2"></td></tr>
<tr><td colspan="3">Cheek color</td><td colspan="3">Lip color</td></tr>
<tr><td colspan="3"></td><td colspan="3"></td></tr>
</table>

Make-up Titel :			Day :		
Eye-shadow					
Main color		Point color		Accent color	
Cheek color			Lip color		

<table>
<tr><td colspan="3">Make-up Titel :</td><td colspan="3">Day :</td></tr>
<tr><td colspan="6">Eye-shadow</td></tr>
<tr><td colspan="2">Main color</td><td colspan="2">Point color</td><td colspan="2">Accent color</td></tr>
<tr><td colspan="2"></td><td colspan="2"></td><td colspan="2"></td></tr>
<tr><td colspan="3">Cheek color</td><td colspan="3">Lip color</td></tr>
<tr><td colspan="3"></td><td colspan="3"></td></tr>
</table>

<table>
<tr><td colspan="3">Make-up Titel :</td><td colspan="3">Day :</td></tr>
<tr><td colspan="6">Eye-shadow</td></tr>
<tr><td colspan="2">Main color</td><td colspan="2">Point color</td><td colspan="2">Accent color</td></tr>
<tr><td colspan="2"></td><td colspan="2"></td><td colspan="2"></td></tr>
<tr><td colspan="3">Cheek color</td><td colspan="3">Lip color</td></tr>
<tr><td colspan="3"></td><td colspan="3"></td></tr>
</table>

Make-up Titel :		Day :	
Eye-shadow			
Main color	Point color	Accent color	
Cheek color		Lip color	

Make-up Titel :			Day :	
Eye-shadow				
Main color		Point color		Accent color
Cheek color			Lip color	

<table>
<tr><td colspan="3">Make-up Titel :</td><td colspan="3">Day :</td></tr>
<tr><td colspan="6">Eye-shadow</td></tr>
<tr><td colspan="2">Main color</td><td colspan="2">Point color</td><td colspan="2">Accent color</td></tr>
<tr><td colspan="2"></td><td colspan="2"></td><td colspan="2"></td></tr>
<tr><td colspan="3">Cheek color</td><td colspan="3">Lip color</td></tr>
<tr><td colspan="3"></td><td colspan="3"></td></tr>
</table>

Make-up Titel :			Day :		
Eye-shadow					
Main color		Point color		Accent color	
Cheek color			Lip color		

Make-up Titel :			Day :		
Eye-shadow					
Main color		Point color		Accent color	
Cheek color			Lip color		

Make-up Titel :			Day :		
Eye-shadow					
Main color		Point color		Accent color	
Cheek color			Lip color		

Make-up Titel :			Day :		
Eye-shadow					
Main color		Point color		Accent color	
Cheek color			Lip color		

Make-up Titel :			Day :		
Eye-shadow					
Main color		Point color		Accent color	
Cheek color			Lip color		

Make-up Titel :		Day :	
Eye-shadow			
Main color	Point color		Accent color
Cheek color		Lip color	

<table>
<tr><td colspan="3">Make-up Titel :</td><td colspan="3">Day :</td></tr>
<tr><td colspan="6">Eye-shadow</td></tr>
<tr><td colspan="2">Main color</td><td colspan="2">Point color</td><td colspan="2">Accent color</td></tr>
<tr><td colspan="2"></td><td colspan="2"></td><td colspan="2"></td></tr>
<tr><td colspan="3">Cheek color</td><td colspan="3">Lip color</td></tr>
<tr><td colspan="3"></td><td colspan="3"></td></tr>
</table>

Make-up Titel :			Day :		
Eye-shadow					
Main color		Point color		Accent color	
Cheek color			Lip color		

Make-up Titel :		Day :			
Eye-shadow					
Main color		Point color		Accent color	
Cheek color			Lip color		

Make-up Titel :		Day :		
Eye-shadow				
Main color	Point color		Accent color	
Cheek color		Lip color		

Chapter 13

여자 상반신

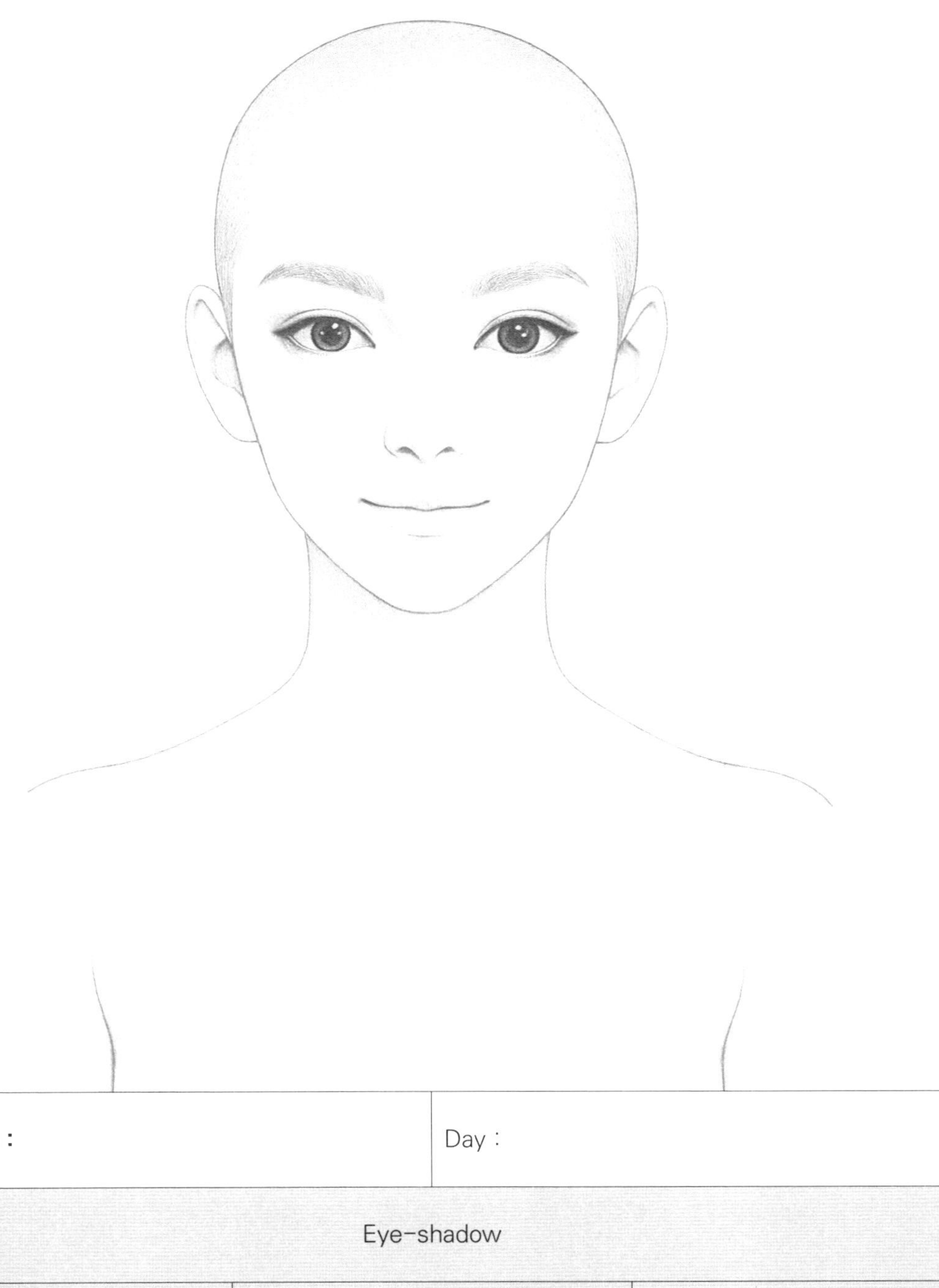

<table>
<tr><td colspan="3">Make-up Titel :</td><td colspan="3">Day :</td></tr>
<tr><td colspan="6">Eye-shadow</td></tr>
<tr><td colspan="2">Main color</td><td colspan="2">Point color</td><td colspan="2">Accent color</td></tr>
<tr><td colspan="2"></td><td colspan="2"></td><td colspan="2"></td></tr>
<tr><td colspan="3">Cheek color</td><td colspan="3">Lip color</td></tr>
<tr><td colspan="3"></td><td colspan="3"></td></tr>
</table>

<table>
<tr><td colspan="3">**Make-up Titel :**</td><td colspan="3">Day :</td></tr>
<tr><td colspan="6">Eye-shadow</td></tr>
<tr><td colspan="2">Main color</td><td colspan="2">Point color</td><td colspan="2">Accent color</td></tr>
<tr><td colspan="2"></td><td colspan="2"></td><td colspan="2"></td></tr>
<tr><td colspan="3">Cheek color</td><td colspan="3">Lip color</td></tr>
<tr><td colspan="3"></td><td colspan="3"></td></tr>
</table>

Make-up Titel :			Day :		
Eye-shadow					
Main color		Point color		Accent color	
Cheek color			Lip color		

Make-up Titel :			Day :		
Eye-shadow					
Main color		Point color		Accent color	
Cheek color			Lip color		

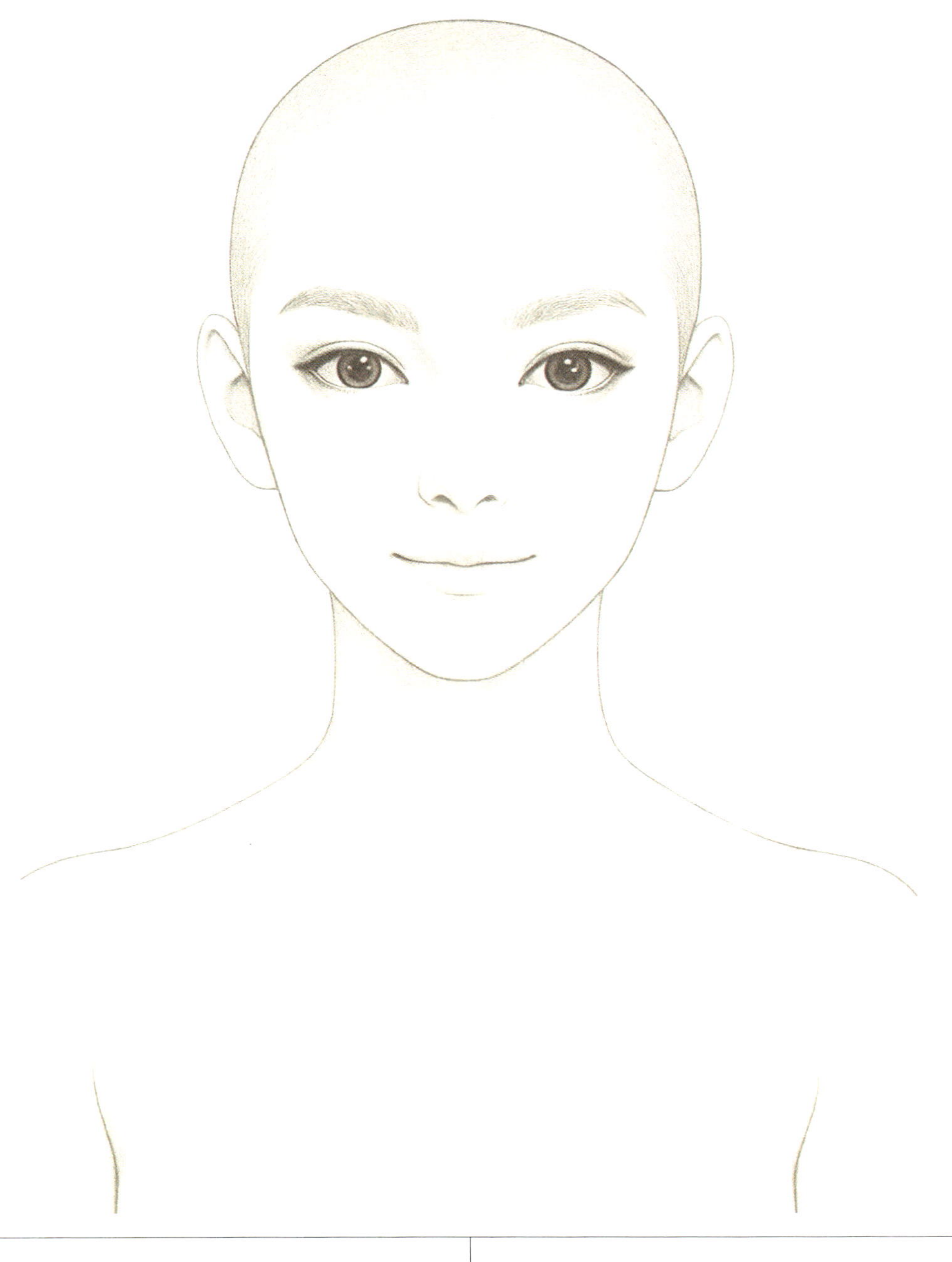

Make-up Titel :		Day :			
Eye-shadow					
Main color		Point color		Accent color	
Cheek color			Lip color		

Make-up Titel :			Day :		
Eye-shadow					
Main color		Point color		Accent color	
Cheek color			Lip color		

<table>
<tr><td colspan="3">Make-up Titel :</td><td colspan="3">Day :</td></tr>
<tr><td colspan="6">Eye-shadow</td></tr>
<tr><td colspan="2">Main color</td><td colspan="2">Point color</td><td colspan="2">Accent color</td></tr>
<tr><td colspan="2"></td><td colspan="2"></td><td colspan="2"></td></tr>
<tr><td colspan="3">Cheek color</td><td colspan="3">Lip color</td></tr>
<tr><td colspan="3"></td><td colspan="3"></td></tr>
</table>

Make-up Titel :			Day :		
Eye-shadow					
Main color		Point color		Accent color	
Cheek color			Lip color		

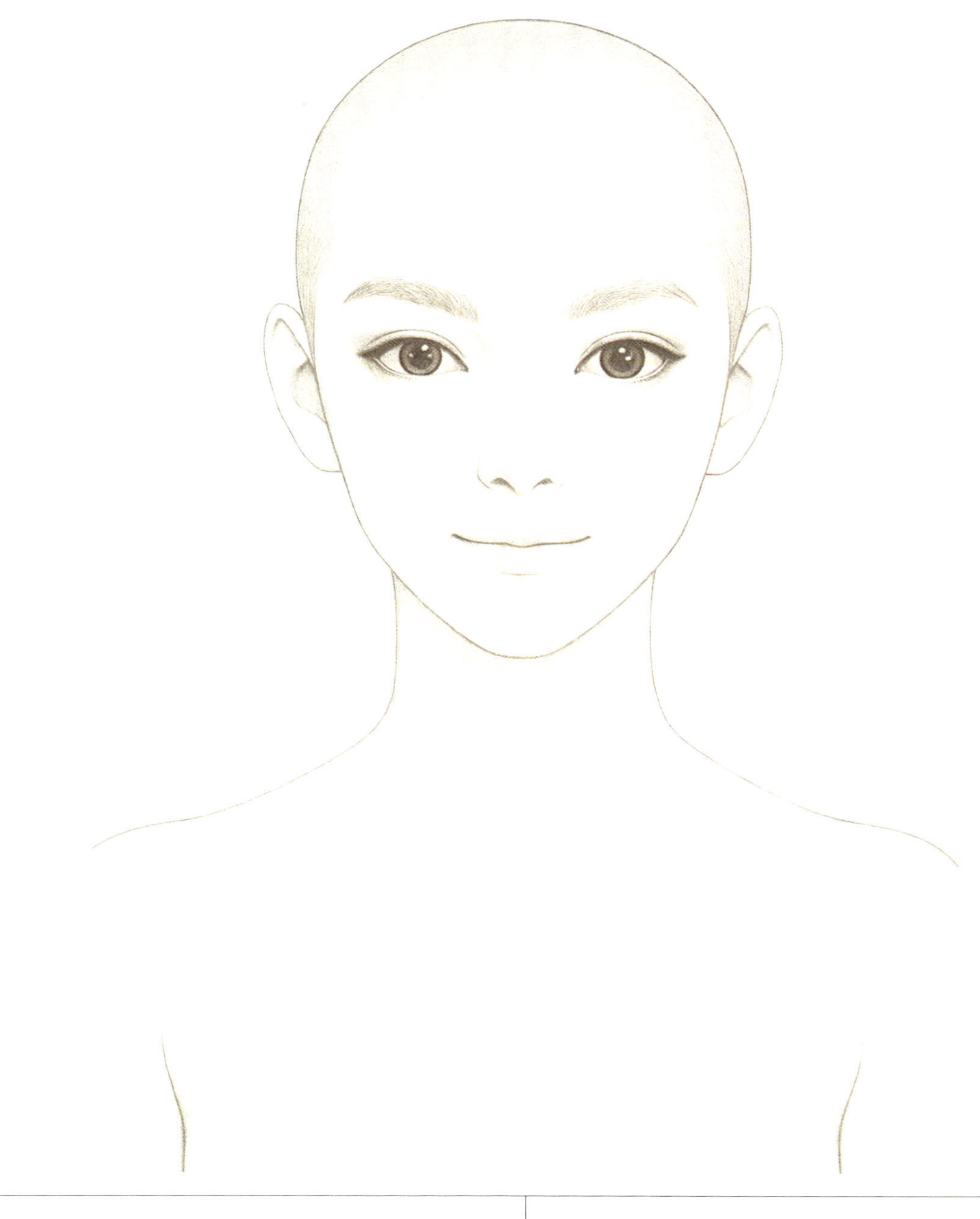

Make-up Titel :			Day :		
Eye-shadow					
Main color		Point color		Accent color	
Cheek color			Lip color		

Make-up Titel :			Day :		
Eye-shadow					
Main color		Point color		Accent color	
Cheek color			Lip color		

Make-up Titel :			Day :		
Eye-shadow					
Main color		Point color		Accent color	
Cheek color			Lip color		

Make-up Titel :		Day :
Eye-shadow		
Main color	Point color	Accent color
Cheek color		Lip color

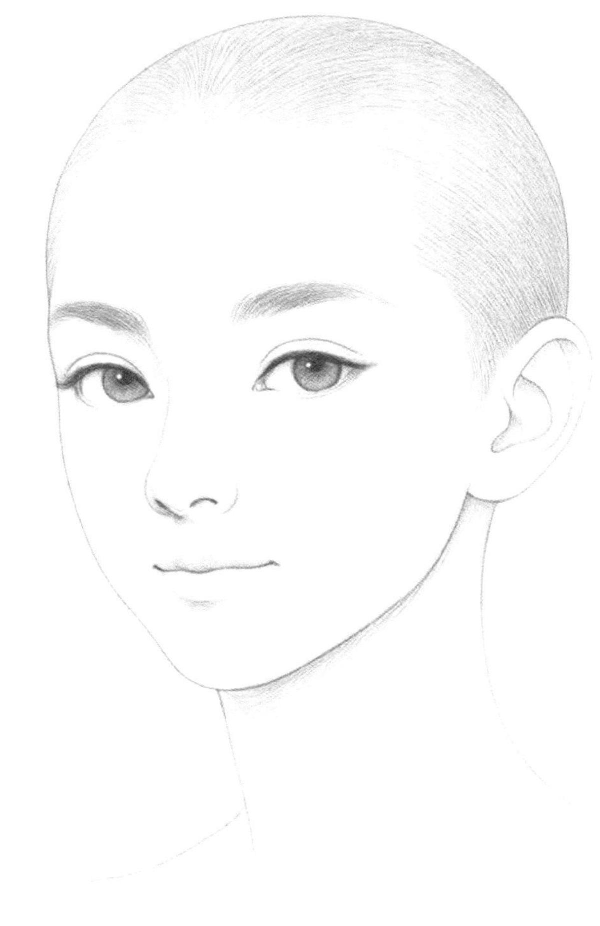

<table>
<tr><td colspan="3">Make-up Titel :</td><td colspan="3">Day :</td></tr>
<tr><td colspan="6">Eye-shadow</td></tr>
<tr><td colspan="2">Main color</td><td colspan="2">Point color</td><td colspan="2">Accent color</td></tr>
<tr><td colspan="2"></td><td colspan="2"></td><td colspan="2"></td></tr>
<tr><td colspan="3">Cheek color</td><td colspan="3">Lip color</td></tr>
<tr><td colspan="3"></td><td colspan="3"></td></tr>
</table>

Make-up Titel :			Day :		
Eye-shadow					
Main color		Point color		Accent color	
Cheek color			Lip color		

<table>
<tr><td colspan="3">Make-up Titel :</td><td colspan="3">Day :</td></tr>
<tr><td colspan="6">Eye-shadow</td></tr>
<tr><td colspan="2">Main color</td><td colspan="2">Point color</td><td colspan="2">Accent color</td></tr>
<tr><td colspan="2"></td><td colspan="2"></td><td colspan="2"></td></tr>
<tr><td colspan="3">Cheek color</td><td colspan="3">Lip color</td></tr>
<tr><td colspan="3"></td><td colspan="3"></td></tr>
</table>

Make-up Titel :			Day :		
Eye-shadow					
Main color		Point color		Accent color	
Cheek color			Lip color		

Make-up Titel :			Day :		
Eye-shadow					
Main color		Point color		Accent color	
Cheek color			Lip color		

Make-up Titel :		Day :
Eye-shadow		
Main color	Point color	Accent color
Cheek color	Lip color	

Chapter 14

Entertainer Make up Style, Y2K Trend Make up Style

최근 연예인 메이크업과 Y2K 트렌드 메이크업이라는 두 가지 메이크업 스타일이 유행하고 있다.

연예인 메이크업, 아이돌 스타일은 고화질 카메라 앞에서도 결점 없는 '무결점 피부'를 연출하는 것이 핵심이다. 모공과 요철을 프라이머로 꼼꼼히 메우고, 본연의 이목구비를 또렷하게 살리기 위해 가닥 속눈썹을 한 올 한 올 심어 눈매를 수직으로 확장한다. 여기에 애교살에 글리터를 얹어 입체감을 극대화하여 화려하면서도 정돈된 인상을 완성한다.

Y2K Trend 메이크업은 개성을 극대화하는 '퍼스널 아이덴티티'와 화면 속 선명함을 추구하는 '디지털 필터' 감성을 따른다. 베이스는 두꺼운 커버 대신 얇고 투명한 '속광'을 살려 자연스러운 질감을 표현한다. 색조는 퍼스널 컬러에 맞춘 뮤트 톤을 활용하며, 진한 아이라인보다는 가닥 속눈썹과 애교살로 이목구비의 비율을 교정한다. 여기에 탕후루 같은 광택의 오버 립을 더해, 자연스러운 입체감을 연출하는 진화된 꾸민 듯 안 꾸민 듯한 메이크업 스타일이다.

이미지메이킹 메이크업 일러스트 패턴북

초판 1쇄 인쇄 / 2026년 3월 6일
초판 1쇄 발행 / 2026년 3월 13일

공저 김민경 · 안은주 · 정은영 · 김정희 · 송서현

발행처 형설출판사
경기도 파주시 회동길 37-23 · 전화 (031) 955-2361～4 · 팩시밀리 (031) 955-2341
발행인 장진혁
등록 라 - 제9호 · 1962년 5월 1일
홈페이지 http://www.hyungseul.co.kr
e-mail hs@hyungseul.co.kr

정가 25,000원

ISBN 978-89-472-8820-0 93600